国家级一流本科专业建设成果教材

化学工业出版社"十四五"普通高等教育规划教材

生态环境大数据与人工智能

徐志强　主编　代群威　赵　丽　副主编

化学工业出版社

·北京·

内容简介

《生态环境大数据与人工智能》立足于生态环境科学与信息技术的交叉领域，阐述了大数据技术及人工智能在生态环境研究中的应用。全书共分为理论基础、工具实践与人工智能应用三个模块。在理论层面，主要阐释了大数据及生态环境大数据的概念和特征；工具实践部分，重点介绍 Excel 在数据清洗与预处理中的操作技巧，SPSS 软件在统计分析中的应用，以及 Origin 在图表绘制中的专业呈现方式；人工智能应用部分则聚焦大语言模型在环境数据分析中的辅助作用和创新实践。

本书兼顾学术性与实用性，既可作为环境科学、环境工程、生态学、生物学、农学等专业的本科教材，也可供相关专业的研究生和从事智慧环保工作的技术人员参考，助力读者掌握生态环境数据分析的基础知识，培养面向数字时代的跨学科创新能力。

图书在版编目（CIP）数据

生态环境大数据与人工智能 / 徐志强主编；代群威，赵丽副主编. -- 北京：化学工业出版社，2025. 9.
（国家级一流本科专业建设成果教材）. -- ISBN 978-7-122-48223-5

Ⅰ. X32-39

中国国家版本馆 CIP 数据核字第 2025AS8165 号

责任编辑：满悦芝　　　　　　　　文字编辑：王　硕
责任校对：田睿涵　　　　　　　　装帧设计：张　辉

出版发行：化学工业出版社
　　　　　（北京市东城区青年湖南街 13 号　邮政编码 100011）
印　　装：三河市君旺印务有限公司
787mm×1092mm　1/16　印张 12½　字数 307 千字
2025 年 9 月北京第 1 版第 1 次印刷

购书咨询：010-64518888　　　　　售后服务：010-64518899
网　　址：http://www.cip.com.cn
凡购买本书，如有缺损质量问题，本社销售中心负责调换。

定　　价：49.80 元　　　　　　　　版权所有　违者必究

前言

随着全球环境问题日益严峻，生态环境保护已成为全人类共同的责任和使命。大数据技术的发展为解决生态环境问题提供了新思路，为生态环境保护事业注入了新的活力。两者相互结合，很自然地促成了生态环境大数据学科的产生和发展。与此同时，人工智能技术在生态环境领域的应用也日益广泛，为解决生态环境问题提供了新的技术手段。本书《生态环境大数据与人工智能》从生态环境大数据的概念、作用与研究意义，常用的数据分析方法，及人工智能技术在生态环境大数据方面的应用等方面进行探讨，以期为生态环境专业本科生、研究生，环保相关领域的研究者、决策者，有生态环境数据需求的专业和非专业人员了解这一新兴学科提供指引。

本书分为五章，介绍了生态环境大数据的基本理论，生态环境数据的处理、分析和可视化方法，以及人工智能在生态环境数据分析中的初步应用。其中：

第1章，介绍了大数据的产生背景、概念、特点和研究方法，我国对大数据发展的政策和标准，以大数据和生态环境理论为基础的生态环境大数据的产生和发展，以及人工智能技术在生态环境数据分析及环保管理中的作用。

第2章，介绍了Excel在生态环境数据分析中的作用，包括数据准备、图表绘制和基本数据分析方法。

第3章，介绍了使用SPSS进行生态环境数据分析的方法，包括均值比较、多种方差分析、秩和检验、相关分析和回归模型。

第4章，说明了数据可视化的重要性，以Origin为工具创建基本的统计图及复杂的多坐标系、多样式图表，并介绍配色方案和图形发布相关知识。

第5章，简要介绍了大语言模型在生态环境大数据分析中的作用，以大语言模型为例说明人工智能技术的发展现状，其强大功能已经对人们的生产和生活产生了巨大影响。

本书由西南科技大学徐志强主编。第1章由西南科技大学代群威和徐志强编写；第2章由西南科技大学谭江月和徐志强编写；第3章由徐志强编写；第4章由西南科技大学李知可和赵丽编写；第5章由徐志强和赵丽编写。全书最后由徐志强统稿。本书的编写得到了西南科技大学环境与资源学院一流本科专业建设专项经费的资助，在此表示衷心感谢。

由于生态环境大数据是新兴的研究方向，其内涵正在快速发展，加之编者对相关理论体系认知有限，书中不妥之处在所难免，望读者不吝赐教，使本书在使用过程中不断改进。

编者

2025年4月

目录

第1章 绪论 001

1.1 数据与大数据基本概念 001
  1.1.1 数据的内涵 001
  1.1.2 大数据的概念和特征 002
1.2 大数据处理与分析 004
  1.2.1 数据预处理 004
  1.2.2 数据分析 006
  1.2.3 不同数据分析技术之间的关系 009
1.3 大数据分析理念 009
  1.3.1 分析全体，而非样本 010
  1.3.2 接受数据的混杂性 010
  1.3.3 关注相关关系 011
1.4 生态环境大数据简介 012
  1.4.1 生态环境大数据的概念 012
  1.4.2 生态环境大数据的"5V"特征 012
  1.4.3 人工智能在生态环境大数据领域的作用 013
1.5 主要数据分析工具简介 014

第2章 Excel数据处理和初步分析 017

2.1 统计分析基本概念 017
  2.1.1 总体、个体与样本 017
  2.1.2 变量 018
  2.1.3 统计量和参数 018
2.2 Excel软件界面 018
2.3 Excel数据文件创建 020
  2.3.1 直接输入数据及数据的类型 020
  2.3.2 数据填充 023
  2.3.3 导入数据 027
2.4 Excel数据编辑 029

2.4.1　数据编辑一般操作 ··· 029

2.4.2　数据查找和替换 ·· 030

2.4.3　数据排序 ··· 030

2.4.4　数据筛选 ··· 031

2.4.5　数据标识 ··· 033

2.5　Excel 图表 ·· 034

2.5.1　Excel 图表组成 ··· 034

2.5.2　柱形图和条形图 ·· 035

2.5.3　折线图 ·· 038

2.5.4　组合图 ·· 040

2.5.5　饼图和圆环图 ··· 042

2.5.6　散点图和气泡图 ·· 045

2.5.7　具有误差线的图表 ·· 047

2.5.8　雷达图 ·· 048

2.6　Excel 数据特征的描述 ··· 051

2.6.1　数据集中趋势 ··· 051

2.6.2　数据离散趋势 ··· 053

2.6.3　频数分布 ··· 056

2.7　Excel 参数估计 ·· 061

2.7.1　点估计 ·· 061

2.7.2　区间估计 ··· 061

2.7.3　总体均值的区间估计 ·· 062

2.8　假设检验与 t 检验 ··· 065

2.8.1　假设检验 ··· 065

2.8.2　t 检验 ··· 066

2.9　方差分析 ·· 070

2.9.1　方差分析基本概念 ··· 070

2.9.2　方差分析的基本原理 ·· 071

2.9.3　单因素方差分析 ·· 071

2.10　相关分析 ·· 075

2.10.1　事物之间的关系 ··· 075

2.10.2　相关关系的判断 ··· 075

2.10.3　相关关系与因果关系 ··· 076

2.11　线性回归分析 ·· 077

2.11.1　回归分析的基本概念 ··· 077

2.11.2　线性回归模型的检验 ··· 078

2.11.3　应用线性回归模型时的注意事项 ··· 078

第 3 章　SPSS 数据分析 ··· **082**

3.1　SPSS 发展历程 ··· 082

3.2　SPSS 软件界面 ⋯⋯⋯⋯⋯⋯⋯⋯⋯⋯⋯⋯⋯⋯⋯⋯⋯⋯⋯⋯⋯082

3.3　SPSS 数据文件的建立与存储 ⋯⋯⋯⋯⋯⋯⋯⋯⋯⋯⋯⋯⋯⋯⋯083

　　3.3.1　直接输入数据 ⋯⋯⋯⋯⋯⋯⋯⋯⋯⋯⋯⋯⋯⋯⋯⋯⋯⋯083

　　3.3.2　导入数据 ⋯⋯⋯⋯⋯⋯⋯⋯⋯⋯⋯⋯⋯⋯⋯⋯⋯⋯⋯⋯087

　　3.3.3　导出数据 ⋯⋯⋯⋯⋯⋯⋯⋯⋯⋯⋯⋯⋯⋯⋯⋯⋯⋯⋯⋯089

3.4　SPSS 数据编辑 ⋯⋯⋯⋯⋯⋯⋯⋯⋯⋯⋯⋯⋯⋯⋯⋯⋯⋯⋯⋯090

　　3.4.1　数据编辑一般操作 ⋯⋯⋯⋯⋯⋯⋯⋯⋯⋯⋯⋯⋯⋯⋯⋯090

　　3.4.2　数据查找和替换 ⋯⋯⋯⋯⋯⋯⋯⋯⋯⋯⋯⋯⋯⋯⋯⋯⋯090

　　3.4.3　数据排序 ⋯⋯⋯⋯⋯⋯⋯⋯⋯⋯⋯⋯⋯⋯⋯⋯⋯⋯⋯⋯090

　　3.4.4　数据筛选 ⋯⋯⋯⋯⋯⋯⋯⋯⋯⋯⋯⋯⋯⋯⋯⋯⋯⋯⋯⋯091

　　3.4.5　计算变量 ⋯⋯⋯⋯⋯⋯⋯⋯⋯⋯⋯⋯⋯⋯⋯⋯⋯⋯⋯⋯093

　　3.4.6　变量编码 ⋯⋯⋯⋯⋯⋯⋯⋯⋯⋯⋯⋯⋯⋯⋯⋯⋯⋯⋯⋯094

3.5　SPSS 描述统计 ⋯⋯⋯⋯⋯⋯⋯⋯⋯⋯⋯⋯⋯⋯⋯⋯⋯⋯⋯⋯098

　　3.5.1　数据集中趋势与离散趋势 ⋯⋯⋯⋯⋯⋯⋯⋯⋯⋯⋯⋯⋯098

　　3.5.2　SPSS 频数分布分析 ⋯⋯⋯⋯⋯⋯⋯⋯⋯⋯⋯⋯⋯⋯⋯100

3.6　区间估计 ⋯⋯⋯⋯⋯⋯⋯⋯⋯⋯⋯⋯⋯⋯⋯⋯⋯⋯⋯⋯⋯⋯104

3.7　t 检验 ⋯⋯⋯⋯⋯⋯⋯⋯⋯⋯⋯⋯⋯⋯⋯⋯⋯⋯⋯⋯⋯⋯⋯106

　　3.7.1　参数检验与非参数检验 ⋯⋯⋯⋯⋯⋯⋯⋯⋯⋯⋯⋯⋯⋯106

　　3.7.2　常用的 t 检验方法 ⋯⋯⋯⋯⋯⋯⋯⋯⋯⋯⋯⋯⋯⋯⋯106

3.8　方差分析 ⋯⋯⋯⋯⋯⋯⋯⋯⋯⋯⋯⋯⋯⋯⋯⋯⋯⋯⋯⋯⋯⋯111

　　3.8.1　单因素方差分析 ⋯⋯⋯⋯⋯⋯⋯⋯⋯⋯⋯⋯⋯⋯⋯⋯⋯111

　　3.8.2　双因素方差分析 ⋯⋯⋯⋯⋯⋯⋯⋯⋯⋯⋯⋯⋯⋯⋯⋯⋯114

　　3.8.3　多元方差分析 ⋯⋯⋯⋯⋯⋯⋯⋯⋯⋯⋯⋯⋯⋯⋯⋯⋯⋯118

　　3.8.4　重复测量方差分析 ⋯⋯⋯⋯⋯⋯⋯⋯⋯⋯⋯⋯⋯⋯⋯⋯120

3.9　非参数检验 ⋯⋯⋯⋯⋯⋯⋯⋯⋯⋯⋯⋯⋯⋯⋯⋯⋯⋯⋯⋯⋯122

　　3.9.1　数据分布检验 ⋯⋯⋯⋯⋯⋯⋯⋯⋯⋯⋯⋯⋯⋯⋯⋯⋯⋯122

　　3.9.2　秩和检验 ⋯⋯⋯⋯⋯⋯⋯⋯⋯⋯⋯⋯⋯⋯⋯⋯⋯⋯⋯⋯125

3.10　相关分析 ⋯⋯⋯⋯⋯⋯⋯⋯⋯⋯⋯⋯⋯⋯⋯⋯⋯⋯⋯⋯⋯131

3.11　线性回归分析 ⋯⋯⋯⋯⋯⋯⋯⋯⋯⋯⋯⋯⋯⋯⋯⋯⋯⋯⋯133

第 4 章　Origin 数据可视化　139

4.1　数据可视化的概念和作用 ⋯⋯⋯⋯⋯⋯⋯⋯⋯⋯⋯⋯⋯⋯⋯139

4.2　Origin 简介 ⋯⋯⋯⋯⋯⋯⋯⋯⋯⋯⋯⋯⋯⋯⋯⋯⋯⋯⋯⋯⋯139

4.3　OriginPro 界面 ⋯⋯⋯⋯⋯⋯⋯⋯⋯⋯⋯⋯⋯⋯⋯⋯⋯⋯⋯⋯140

4.4　OriginPro 数据文件的建立 ⋯⋯⋯⋯⋯⋯⋯⋯⋯⋯⋯⋯⋯⋯⋯141

　　4.4.1　直接输入数据 ⋯⋯⋯⋯⋯⋯⋯⋯⋯⋯⋯⋯⋯⋯⋯⋯⋯⋯141

　　4.4.2　导入数据 ⋯⋯⋯⋯⋯⋯⋯⋯⋯⋯⋯⋯⋯⋯⋯⋯⋯⋯⋯⋯142

　　4.4.3　复制/粘贴数据 ⋯⋯⋯⋯⋯⋯⋯⋯⋯⋯⋯⋯⋯⋯⋯⋯⋯143

4.5　OriginPro 数据文件编辑 ⋯⋯⋯⋯⋯⋯⋯⋯⋯⋯⋯⋯⋯⋯⋯143

　　　4.5.1　快速填充 --- 143

　　　4.5.2　列属性 --- 144

　　　4.5.3　行和列的其他操作 --- 145

　4.6　2D 图形绘制基本技巧 --- 145

　　　4.6.1　图形创建与基本设置 --- 145

　　　4.6.2　认识图层 --- 152

　　　4.6.3　绘制断轴图 -- 156

　　　4.6.4　带有误差线和数据标签的图形 --------------------------------------- 159

　　　4.6.5　向散点图中添加回归直线 --- 162

　4.7　2D 图形绘制进阶技巧 --- 164

　　　4.7.1　"图表绘制"——强大的工具 ------------------------------------- 164

　　　4.7.2　图层管理 --- 167

　　　4.7.3　合并图表 --- 169

　4.8　Origin 作图中需要注意的问题 --- 172

　　　4.8.1　2D 与 3D 图形的选择 --- 172

　　　4.8.2　图形配色 --- 175

　　　4.8.3　图形输出与发布 --- 177

第 5 章　人工智能辅助生态环境数据分析简介 ------------------------ 182

　5.1　人工智能与大语言模型 --- 182

　5.2　国产大语言模型 DeepSeek 简介 --- 183

　5.3　大语言模型辅助生态环境数据分析 -------------------------------------- 185

　5.4　人工神经网络的扩展 -- 189

参考文献 -- 191

第1章

绪　论

1.1　数据与大数据基本概念

1.1.1　数据的内涵

　　数据是抽象的概念，其内涵随着人类社会的演进而不断丰富。在原始社会，人类先祖通过渔猎和采集活动逐渐掌握了结绳记事方法，而绳结便成为人类最早用于记录数据的载体。随着文明的进步，文字与数字的发明使数据记录方式发生了质的飞跃，逐渐演变为以"书契记数"为代表的系统化记载形式。中国早在商代开始就出现了人口调查统计表册，甲骨文中频繁出现的"登人"字样，即为早期人口登记的实证。此后，古代数据记录的范畴逐渐扩展，内容日趋翔实，涵盖人口、军事、田猎、祭祀等诸多领域。例如，秦末刘邦攻入咸阳时，诸将竞相劫掠国库财宝，而萧何独入丞相府，悉心收集律令文书、地理图册与户籍档案。这一举措为汉王朝的建立与治理奠定了数据基础，更揭示出秦代的数据记录已超越单纯的人口、田亩等数字统计，延伸至图像与文本等多元形式。这些资料在古代兼具行政存档与历史记载的双重功能，于今日则成为可供深入分析的宝贵历史数据资料。

　　随着人类社会的发展，科学知识不断积累和深化，人们的研究深入到自然科学和社会科学的各个方面，学科领域划分变得越来越细致，数据的内涵也在不断扩展：

　　（1）自然科学研究中，数学作为基础学科，其理论体系从初等运算到高等分析（如微积分、线性代数）均建立在精确的数值基础之上。作为数学的重要分支，统计学通过样本特征推断总体特征的方法论框架，实现假设检验和分类，以发现事物关系或预测其变化趋势。在实证科学研究领域，数据获取主要依托实验观测体系。如生态学研究聚焦于环境参数（温湿度、污染物浓度）与生物指标（种群动态、营养级联效应）的量化监测；生物医学领域则涉及多维度数据采集，包括毒理测试、临床试验等数值型数据，以及基因组序列、蛋白表达谱、病理切片等图像信息。因此，现代自然科学研究的数据形态已突破传统数值范畴，延伸至图像信息（如晶体衍射图谱）、文本记录（实验现象描述）等多元表现形式。

（2）社会科学研究中，数据可以来源于调查问卷、访谈记录，也可以来源于已有的档案和文献。这些数据可以是定量的（如年龄、收入、教育年限等），也可以是定性的（如人们对环境状况的满意程度，某地居民健康水平等）。

（3）计算机科学中，数据是可以被计算机处理和存储的信息，通常以二进制信息单元 0 和 1 的形式表示。计算机科学家关注数据的结构、算法、存储方式以及如何高效地处理和检索数据，数据可以是数字、文本、图像、音频或视频等形式。

可见，从古至今，数据的内涵经历了显著的变化，但其核心本质——作为信息的载体和客观世界现象的反映——保持不变。数据是对客观事件进行记录并可以鉴别的符号，其内涵已经非常丰富。因此，许多物理学家和数据科学家认为世界的本质就是数据。

1.1.2　大数据的概念和特征

1.1.2.1　大数据概念的由来

"大数据"（Big Data）从字面理解，就是大量数据或巨大的数据集。早在四千年前的商朝，统治者们就已经认识到人口普查的重要性，收集了领地内的人口信息，为决策提供数据支持。后续的历朝历代除了重视人口年龄、性别、分布等信息外，还关注税收、田地面积、粮食产量等与国家运行息息相关的数据。这些数据的收集和汇总，有助于了解国家的经济实力和资源状况，为制定政策和规划发展提供重要依据。此外，古人还积累了大量的文字和图像资料，涉及历史、自然、科技、商业、军事、百科等领域。各个朝代对这些数据的收集整理，实际上可以看作对"大数据"应用的雏形。古代人们对大数据的应用虽然与现代的大数据概念在技术和规模上存在显著差异，但为当今大数据的发展奠定了重要的思想基础和实践先例。

对于"大数据"一词的首次提出时间，存在不同观点，但可以肯定的是，2008 年 9 月英国《自然》（*Nature*）杂志出版了"Big Data"专刊，标志着"大数据"正式出现在世界顶级综合类学术期刊，自此以后，大数据作为一个新兴的研究领域，得到了广泛的关注和迅速的发展。

2011 年 5 月，麦肯锡全球研究院（McKinsey Global Institute）发布了《大数据：创新、竞争和生产力的下一个前沿领域》报告，将大数据定义为：大数据是指其大小超出了常规数据库工具获取、储存、管理和分析能力的数据集。报告还指出"数据已经渗透到每一个行业和业务职能领域，逐渐成为重要的生产因素"。一般认为，该报告标志着"大数据"时代的到来。

2015 年 8 月 31 日，中华人民共和国国务院发布《促进大数据发展行动纲要》，指出：大数据是以容量大、类型多、存取速度快、应用价值高为主要特征的数据集合，正快速发展为对数量巨大、来源分散、格式多样的数据进行采集、存储和关联分析，从中发现新知识、创造新价值、提升新能力的新一代信息技术和服务业态。

中国信息通信研究院《大数据白皮书（2016 年）》称：大数据是新资源、新技术和新理念的混合体。从资源视角看，大数据是新资源，体现了一种全新的资源观；从技术视角看，大数据代表了新一代数据管理与分析技术；从理念的视角看，大数据打开了一种全新的思维角度。

国家标准 GB/T 35295—2017《信息技术　大数据　术语》中将大数据表述为：大数据是指具有体量巨大、来源多样、生成极快且多变等特征并且难以用传统数据体系结构有效处理的包含大量数据集的数据。

2021 年 11 月 30 日，工业和信息化部发布《"十四五"大数据产业发展规划》，将大数据表述为：大数据是数据的集合，以容量大、类型多、速度快、精度准、价值高为主要特征，是推动经济转型发展的新动力，是提升政府治理能力的新途径，是重塑国家竞争优势的新机遇。

可见，大数据概念正式提出后，其内涵已经远不止于规模巨大的数据集。大数据还是宝贵的数据资源，是数据采集、存储和分析的新技术，是创新的新理念，也是国家发展的新动力。

1.1.2.2　大数据的特征

大数据是当今数字化、信息化、网络化和全媒体化世界的关键标志，具有"5V"特征：

(1) 体量大 (Volume)。

大数据中的"大"准确说明了其大量性。古代主要以金属、泥板、石头、竹木和纸张记录数据，数据产生和累积速度缓慢。在互联网普及之后，数据产生量以惊人的速度增长。以计算机存储单位衡量，字节 (B) 是数据存储的基本单位，一个英文字母通常占 1B，一个汉字则占 2B。B 以上的存储单位依次为千字节 (KB，2^{10}B)、兆字节 (MB，2^{20}B)、吉字节 (GB，2^{30}B)、太字节 (TB，2^{40}B)、拍字节 (PB，2^{50}B)、艾字节 (EB，2^{60}B)、泽字节 (ZB，2^{70}B)，等等。2020 年全球数据总量已达 59ZB，2023 年仅我国数据生产总量就已达到 32.85ZB，这些数字足以证明现代数据量的庞大程度。

(2) 种类多 (Variety)。

与传统数据相比，大数据具有更广泛的数据来源、更多的维度和更复杂的类型。在生产活动中，各种机器仪表运行产生的大量数据用于监测设备运行状态和性能；商业活动中，货物和资金的往来产生海量交易数据；政府和企业管理中，需要记录人员基本信息、绩效、销售和采购情况、财务报告、事务处理进度等数据。人们生活中的衣食住行也在不断创造数据，如各种网络日志、音频、视频、图片、社交媒体关系、地理位置信息等记录了生活的瞬间和体验，这些数据在数据总量中占有很大比例。

(3) 速度快 (Velocity)。

大数据的速度快，包含数据产生快和处理速度快两层含义。当今世界，各种来源的数据产生速度极快，例如：2023 年 6 月，淘宝 APP 平均日活跃用户数达 4.02 亿，总活跃用户数达 9.15 亿；2024 年第一季度，微信月活跃用户数达到了 13.59 亿。现在每一两天产生的数据量就相当于古代累积数据量的总和。2024 年，国际数据公司 (International Data Corporation，IDC) 预测当年全球将生成 159.2ZB 数据，2028 年将再增加一倍以上，达到 384.6ZB。大数据的产生速度如此之快，需要数据处理和分析速度跟上这种增长速度，以便能够及时提取有用的信息并做出决策。

(4) 价值高而价值密度低 (Value)。

大数据拥有巨大的潜在价值，这种价值不仅体现在数据本身对事物的记录作用，更在于其对各个领域的深远影响。例如：在教育领域，大数据可以帮助教育机构及时发现学生的问题，预测专业发展前景，辅助招生工作和课程设置改革，提高教育质量和效果；在商业领域，企业通过大数据分析可以更好地了解市场需求，合理地制定生产计划和营销策略；在农业领域，通过大数据分析各种环境指标和农产品品质、产量数据，更为有效地进行田间管理，提高农产品产量，确保食品安全。可以说，大数据对于各个机构、各个国家来说都是宝贵的数据资产。然而，由于大数据来源广泛且呈现爆发式增长，在海量数据中真正具有实际价值的信息有限，例如在研究网络安全时，大量的网络日志文件中可用的关键数据可能只出现在特定时段，甚至仅有几分钟。因此，大数据的价值分布往往非常不均匀，可能并不直接包含对特定分析目的有用的信息，即大数据的价值密度低。此外，数据噪声也是造成大数据价值密度低的重要原因之一。数据噪声是不准确、不完整或无关紧要的信息，在数据集中是干扰数据，如仪器故障产生的数据，文本数据中的错别字、单词拼写错误等。

（5）真实性（Veracity）。

大数据的真实性指数据的质量，即数据的准确性和可靠性。数据的真实性直接影响分析结果的可信度，高质量的数据是进行有效分析和决策的基础。

大数据的"5V"特征之间存在紧密的相互关系（图1.1）。广泛的数据来源（尤其是互联网产生的各种数据）使数据生成速度极快，二者共同作用产生了海量的数据，这些数据无疑是非常宝贵的。然而，海量数据也带来了一定的挑战：由于数据来源的多样性，以及快速生成和更新的特点，数据质量往往受到影响，不同来源的数据可能存在不一致性和错误，导致了大数据的低价值密度问题；在大数据分析过程中，这些干扰数据和无用数据需要预先进行处理，以提高数据的质量，这一步骤可能导致很多数据被过滤掉。"5V"特征之间的相互关系共同构成了大数据的复杂性（Complexity），要充分发挥大数据的价值，必须采取有效的方法来提取关键信息，因此发展大数据分析方法至关重要。

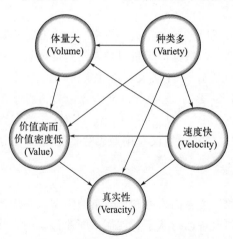

图1.1　大数据"5V"特征关系图
（箭头方向表示对其他特征的影响）

1.2　大数据处理与分析

1.2.1　数据预处理

如前所述，大数据中可能存在错误的、不完整的、不一致的数据；或者对于某一分析方法，数据的格式和类型不符合要求。这些情况可能导致数据分析无法进行，或者分析结果产生很大偏差。因此，有必要对数据进行预处理，以提高数据质量（价值），或者使数据更好地适应特定的分析方法和工具。数据预处理的主要内容包括数据清洗、数据集成、数据转换和数据规约。

1. 2. 1. 1　数据清洗

数据清洗是数据预处理过程中非常重要的一环，它指的是删除数据集中与分析目的无关的数据、错误数据和重复数据，对数据进行填充或替换等。常用的数据清洗技术包括：

（1）缺失值处理。

在数据收集后，数据集缺少某一或某些方面的信息，这些缺少的信息即为缺失值。如在农业地质调查中需要记录农田中农作物的品种、农药化肥用量和产量等信息，如果农户忘记了相关信息则只能空缺。另外，记录过程中的格式指定不当、输入错误、遗漏、误删除等也会产生缺失值。对于缺失值需要采用适当的方法进行处理：

① 删除。即直接删除缺失值所在的行或者列。这种方法简便易行，但是毫无疑问会造成信息的损失，尤其是当缺失值在数据集中占有较大比例时，直接删除可能影响数据结构和分布特征，使分析结果出现偏差。

② 填补。对于数值型缺失值，可以用该值附近数据的均值、中位数或者众数进行替换。根据数据变化的趋势采用插值法来补充缺失值也是常用的方法，如采用回归模型来预测缺失值。对于某些研究领域，可以聘请该领域的专家根据经验填补缺失值，但仍然存在数据偏差的风险。如果填补数据质量不佳，可能对整个数据分析结果产生不良影响。

③ 视为可分析数据。当缺失值较多而不适合直接删除，且难以采用以上填补方法处理缺失值时，那么对于某些数据集，我们可以将缺失值视为可分析的数据。如在调查人们对于当前生态环境状况的看法时，设置了"满意"和"不满意"两个选项，一些被调查人可能没有选择任何选项，使此问题调查结果成为缺失值；在进行结果分析时，这部分数据全部删除显然会损失信息，可以将这些缺失值本身当作一种答复，代表"不便评论"或"难以确定"，与"满意"和"不满意"的选择结果一起输入来建立分析模型，达到充分利用数据信息的目的。

④ 不作处理。一些数据分析方法，如随机森林和人工神经网络等方法本身对缺失值具有一定的处理能力，可以不对数据中的缺失值进行预先处理。

（2）异常值处理。

异常值也称为离群点，是指数据集中存在的不合理的值，这些值明显偏离其他值。对于正态分布数据，可以采用三倍标准差法则确定异常值，即将在"均值减去三倍标准差"到"均值加上三倍标准差"范围之外的数据视为异常值（正态分布、均值和标准差的相关理论见本书 2.6.1 节、2.6.2 节）；对于非正态分布数据，则可以考虑采用箱线图（见本书例 2.16）来确定异常值。异常值能明显影响一些分析方法的准确性，在数据分析之前处理异常值是十分必要的。

① 删除异常值。与删除缺失值一样，此法简单直接，可以避免异常值对分析结果的影响，但是会损失数据信息。

② 将异常值视为缺失值进行填补。采用平均值、中位数替换等填补方法。

③ 不处理。在进行数据分析时，要分析异常值是否应该舍弃或进行替换，即所谓的异常值是否真的"异常"。如在进行环境介质的污染调查时，发现一些采样点样品中污染物含量明显高于其他地点，而这恰恰可能是污染物分布的真实情况，可以用于判断污染源或污染物的迁移方向。又如采用地球化学法寻找矿体时，采样点土壤中某些特征元素的含量显著升高，说明附近可能存在矿体。对于这类数据，显然不能修改或删除"异常值"。

1.2.1.2　数据集成

大数据来源广泛，各个来源的数据都有各自的数据存储规则，很有可能属性不匹配。数据集成就是将不同来源的数据合并形成一个统一数据集合的过程。通过数据集成实现数据的一致性，提高数据共享和利用效率，为后续数据分析工作奠定基础。

1.2.1.3　数据转换

数据转换是指采用数学变换方法将数据变换为符合分析方法要求的形式，包括运用线性或非线性的函数运算将非正态分布数据转化成正态分布数据，消除数据在量纲、时空、精度等特征表现方面的差异，以减少数据噪声，提高数据质量。

1.2.1.4　数据规约

在大规模数据集上进行复杂的数据分析将需要很长时间并耗费大量资源。数据规约即在尽可能保持原数据特征完整性的前提下产生更小的新数据集，在规约后的数据集上进行分析以提高处理效率、减少资源消耗。通常采用属性规约和数值规约两种方法。属性规约即通过属性合并或者删除不相关属性实现"数据降维"；数值规约则通过减少数据量来精简数据集。

1.2.2　数据分析

数据分析本质上是对数学知识的应用。公元前 1 世纪，《周髀算经》就明确记载并证明了勾股定理，后续成书的《九章算术》《孙子算经》《五曹算经》等著作记录了四则运算、方程应用、初级数论等数学理论和方法，这些知识被用于对数据进行简单的汇总分析、比较分析和预测分析。随着社会生产力的不断进步，数据量和数据累积速度已经达到了前所未有的水平。与此同时，数据分析技术也在迅速发展，从最初的简单汇总分析，发展到复杂的预测模型和机器学习算法。这种发展不仅体现在技术的进步上，更在于其应用的广泛性和深入性。数据分析已经深入到生产生活的各个方面，成为一个很宽泛的概念：狭义的数据分析是基于数据，根据特定的分析目的，用一种或多种分析方法提取有价值的信息；广义的数据分析不仅包含狭义的数据分析内容，还涉及数据收集、处理、解释和呈现的全过程。常用的数据分析理论和技术包括以下内容。

1.2.2.1　统计学

统计学（Statistics）是一门研究数据收集、处理、分析和解释的科学，旨在提取数据中的有效信息，探索数据内在的数量规律性，对所观察的现象做出推断或预测，以支持决策制定。

统计学已经在经济、心理、生物、环境、气象等领域得到了广泛的应用，成为自然科学和社会科学研究中不可或缺的重要工具。根据统计方法，可以将统计学理论大致分为描述统计学（Descriptive Statistics）和推断统计学（Inferential Statistics）两大类。

描述统计学主要关注如何收集研究所需数据，以及如何整理和用图表呈现数据。通过各种统计量（如均值、中位数、众数、四分位数、极差、标准差、变异系数等）和图表（如直方图、折线图、饼图等）来展示数据的集中趋势、离散趋势，以及数据的分布特征。

推断统计学利用样本数据特征来推断总体特征。由于统计总体通常含有大量个体，难以对每个个体进行全面调查，因此需要采用科学的抽样方法或实验设计从总体中抽取一部分样本，进行参数估计或假设检验（详见 2.7 节 "Excel 参数估计" 和 2.8.1 节 "假设检验"）。

1.2.2.2　人工智能

人工智能（Artificial Intelligence，AI）是指通过计算机程序或机器来模拟、实现人类智能的技术和方法，属于计算机科学的一个分支，也与心理学、哲学、数据科学等多个领域密不可分。人工智能以机器学习和深度学习为核心算法，以强大的计算能力为支撑，以大量数据为基础进行训练，使计算机自动发现数据中的规律，像人类一样具有感知、理解、判断、推理、学习、识别、交互等能力。人工智能是对人脑识别、存储、处理信息过程的模拟，能像人那样思考和执行各种任务，在某些方面甚至超越人类智能。如由谷歌（Google）旗下 DeepMind 公司开发的围棋机器人 AlphaGo 以大量人类围棋专家的棋谱进行自我训练，在 2016 年和 2017 年分别击败了围棋世界冠军李世石和柯洁，围棋界公认 AlphaGo 的棋力已经超过人类职业围棋顶尖水平，成为当时世界最强围棋机器人。

人工智能领域的研究包括语音识别、图像识别、机器人、自然语言处理、智能交互和自动驾驶等。人工智能与数据分析相结合，已经应用于企业管理、商业营销、基础建设等多个领域，为生产和生活带来了深刻变革。如在电商零售业，人工智能可以根据消费者的购买和浏览记录智能推荐商品，为用户提供个性化服务；在电力行业，人工智能通过学习正常的用电模式，能够实时识别出不符合这些模式的异常数据，从而发现窃电等违法行为。

1.2.2.3　机器学习

机器学习（Machine Learning，ML）是指用某些算法指导计算机从大量数据中自动学习并发现规律，进而建立适当的模型，对新的情境给出判断，进行分类、预测或决策。这个过程类似于人类从经验中学习和归纳知识，但机器学习是由计算机自动从数据中学习并改进其性能，而无须人类编写程序明确指定每一步。机器学习所建立的模型能够随着新数据的加入而持续更新和优化，数据的质量和数量直接影响模型的性能。

机器学习算法多样，包括很多经典统计分析方法和新技术，比如线性回归（Linear Regression）、K 均值（K-means）聚类、主成分分析（Principal Component Analysis，PCA）、决策树（Decision Trees）、随机森林（Random Forest）、支持向量机（Support Vector Machine，SVM），以及人工神经网络（Artificial Neural Networks，ANN）等。这些算法的共同特点是它们都依赖数据进行训练，通过分析和学习数据中的模式和规律来提高模型性能。

机器学习的基本过程如图 1.2 所示。第一步，根据分析目的收集用于训练模型的数据集。第二步，对

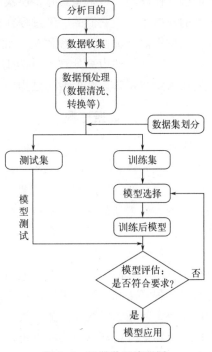

图 1.2　机器学习流程图

数据进行预处理，包括数据清洗和转换等，提高数据质量，从而增强模型学习效果；数据还需要进行拆分，确定用于模型训练和测试的数据集（分别为训练集和测试集）。第三步，根据研究目的和数据特性选择合适的机器学习算法。第四步，用训练集对模型进行训练，使模型逐步掌握数据规律。第五步，使用测试集评估模型的性能：如模型不符合要求，则返回第三步，重新选择算法或者重新设定算法参数；如果模型符合要求，则进入第六步，将验证后的模型应用于同类问题的研究。

1.2.2.4　深度学习

深度学习（Deep Learning）是一种复杂的机器学习算法，其概念源于对人工神经网络的研究。通过模拟人脑处理和分析信息的方式，使用多层神经网络对数据进行处理，以自动提取出数据特征，实现对复杂数据集的建模、分类和预测。

人脑神经网络的基本组成单元是神经元细胞，神经元在接收到的信号达到一定强度时就会向其他神经元发送信号，120亿～140亿个神经元组成了复杂的信号接收、传输和处理系统。深度学习的核心思想即模拟人脑神经网络结构和工作原理，通过构建多层次的人工神经网络来逐层提取数据的特征。这些神经网络通常由多个神经元组成，在对数据特征的学习过程中不断调节神经元信号强度（权重）以优化模型。

深度学习特别适用于处理大规模、高维度和复杂的数据集，如图像、语音和文本等。在实际应用中，深度学习已经在许多领域取得了显著的成果。例如，在图像识别中，深度学习可以用于自动识别物体、人脸和场景等；在自然语言处理中，深度学习可以用于机器翻译、情感分析和文本生成等任务。

然而，深度学习也面临一些挑战和限制。首先，相对于传统机器学习算法，深度学习需要大量高质量数据进行训练，可能难以获得这类数据，或获取成本高昂。其次，深度学习模型的解释性较差，特别是具有多层次的复杂神经网络。虽然这些模型能够在许多任务上达到很高的准确率，但它们的决策过程往往是"黑箱"操作，人类难以直观理解模型是如何从输入数据中提取特征并作出预测的。此外，深度学习算法通常需要大量的计算资源来训练模型，包括高性能的中央处理器（CPU）和图形处理器（GPU）等硬件资源。最后，深度学习使用大量数据来训练模型的过程中，通常需要耗费大量的电力和时间。

1.2.2.5　数据挖掘

数据挖掘（Data Mining，DM）是通过使用模式识别技术，以及统计和数学知识来筛选大量数据，发现有意义的新关系、新模式和新趋势的过程。从技术角度看，数据挖掘是从大量的、不完全的、有噪声的、模糊的、随机的、看似杂乱的实际数据中，提取隐含在其中的、人们事先未知的，但又是潜在有用的，并且最终可被理解的信息和知识的过程。

数据挖掘的对象通常是含有大量噪声的数据，数据类型可以是数值，也可以是文本、图形、图像或音频。数据挖掘综合了统计学、数据库技术、机器学习和人工智能技术等领域的思想和方法，如回归分析、朴素贝叶斯、支持向量机、K均值聚类、随机森林和人工神经网络等各种算法和技术都可以应用于数据挖掘。除了上述算法，还有许多其他类型的算法可以用于特定问题的研究。例如，关联规则挖掘算法可以发现数据集中频繁出现的关系模式，常用于购物篮分析和商品推荐系统；序列模式挖掘算法关注数据中的时序信息，用于发现事件之间的序列依赖关系；异常检测算法则用于识别数据中的异常值或离群点，对于金融欺诈检测、网络安全等领域具有重要意义。

1.2.3　不同数据分析技术之间的关系

对于数据分析而言，统计学是一门经典而且极其重要的学科。统计学中许多基础理论，如概率论、统计描述和统计推断等，也是机器学习的基础理论，回归分析、聚类分析、主成分分析等既是常用的统计学方法，也是机器学习的关键技术，同时这些方法也是数据挖掘算法的重要组成部分。

随着数学和计算机科学的发展，机器学习和数据挖掘的理论和方法已经远远超出了统计学的范畴。首先，机器学习和数据挖掘的理论体系已经形成了一套独特的框架，它不仅包含统计学的基本概念，还融入了计算机科学、人工智能、信息论等多个学科的知识。这使得机器学习和数据挖掘能够处理更加复杂和多样化的数据类型，从而在实际应用中展现出更强的灵活性和适应性。其次，机器学习和数据挖掘的方法也在不断创新和发展。传统的统计分析方法往往依赖于对数据的分布特征进行假设，而机器学习和数据挖掘则更加注重从大量数据本身出发，通过算法自动发现数据中的规律，为解决实际问题提供了更多可能性。此外，机器学习和数据挖掘的应用范围也在不断扩大，在商业营销、企业管理、智能制造、智慧城市等各个领域得到了广泛应用。最后，机器学习和数据挖掘的发展也催生了众多新的研究方向和交叉学科。例如，深度学习通过人工神经网络使计算机学习和做出决策，已经成为机器学习的一个新领域。

人工智能是使程序或机器能够模仿人类智能行为的技术，所研究的范围十分广泛。机器学习的许多算法可以应用于解决人工智能领域的问题，可以说机器学习是人工智能一种重要的实现方式。机器学习的算法同样可以应用于数据挖掘，但是数据挖掘侧重于从大量数据中发现隐藏于其中的规律，而机器学习侧重于模型对于新样本的适应能力和预测精度。

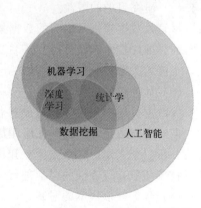

人工智能、机器学习、深度学习、数据挖掘的理论和技术体系有所不同，但都有一个共同的目标，即从大型数据集中发现数据的规律性，并用这些规律性来预测和指导未来的工作。随着技术的进步，以上方法逐步趋向融合以解决更复杂的问题，因此难以从学科分类上进行明确的划分。如果从研究范围和方法（算法）来看，统计学、人工智能、机器学习、深度学习和数据挖掘的关系如图 1.3 所示。

图 1.3　统计学、人工智能、机器学习、深度学习和数据挖掘关系示意图

1.3　大数据分析理念

大数据分析的对象是来源广泛、质量参差不齐的海量数据，分析目的是将机器学习、人工智能等研究领域的各种算法应用于这些数据以及时预测事情发生的可能性。因此，大数据

分析理念具有鲜明的特色。

1.3.1　分析全体，而非样本

得益于当今计算机和互联网技术的发展，数据采集和处理能力不断提升，使人们有能力处理和分析海量数据。对整个数据集进行分析避免了抽样误差导致的分析结果错误或偏差，能够更准确地把握事物的整体特征和发展趋势。如美国谷歌（Google）公司保存着多年的搜索记录，并且以每天 30 亿条搜索指令的速度增加。2009 年出现了甲型 H1N1 流感，为了对这种新型流感进行预测，Google 公司分析了美国人最频繁检索的 5000 万条词条，探索特定词条（如温度计、流感症状等）的使用频率与流感在时间和空间上传播之间的联系。为此，Google 公司共处理了 4.5 亿个不同的数学模型，发现一些词条代入特定模型后可以准确预测甲型 H1N1 流感在美国的暴发，甚至可以具体到特定的地区和州，而且比美国疾控中心的判断要早至少一到两周。可见有效分析海量数据可以准确高效地对事情的发展作出预测。

海量数据是大数据分析的基础，但并非无论何时数据集都越大越好，也不意味着抽样技术在大数据时代已经失去其重要性。这是因为：

（1）数据存储成本和极限的限制。

在当今数字化时代，数据量呈现出以几何倍数增长的趋势，未来数据的存储和维护将消耗大量成本（如硬件设施、软件系统、人力资源等），甚至可能超出人类所能获取的资源总量。《大数据时代》的作者维克托在其另一部畅销书《删除》中指出：数据的数字化、廉价的存储器、数据易于提取和互联网访问正在使人类失去遗忘的能力，需要给信息设定存储期限，删除无意义的数据。

（2）研究目的的限制。

尽管大数据提供了庞大的数据集，但在某些情况下，没有必要使用全部数据进行分析，此时通过抽样技术选择具有代表性的子集进行分析可以更加高效地获取有用的信息。实际上，主流的大数据分析平台（如 Apache Hadoop）大都具有数据抽样功能。

（3）计算机硬件的限制。

大数据分析通常对计算机硬件性能要求较高。虽然现在个人计算机的性能已经十分强大，但对于大数据分析，即使应用简单算法也需要很长的时间才能得出结果，甚至根本无法完成分析。个人用户、小微企业和机构一般无法获得足够的算力以分析海量数据，此时利用抽样技术获取有代表性的样本进行分析成为了一种经济且高效的选择。

（4）数据获取成本的限制。

当获取某些数据的成本过于高昂时，可以考虑放弃这部分数据。

1.3.2　接受数据的混杂性

从小学的四则运算到中学、大学教材中的各种公式，都需要精确的数据输入，得到的结果也是精确的。在测量学、医学、工程学等研究领域，数据精确是保证工作质量的前提。但是对于大数据，由于数据来源广泛、更新速度极快、存储形式各异、质量参差不齐，混乱的数据难以避免，很难甚至不可能实现数据的精确性。大数据分析应该接受数据的这种混杂性：

(1) 对于某些问题的研究，没有必要过于精确。

例如，描述一个大国的国土面积时，用平方公里为单位即可，没必要精确到平方米甚至更小的单位。又如，中国 2023 年的国内生产总值（GDP）超 129.42 万亿元，不需要具体到元、角、分。再如，主流的视频网站都会标注视频的播放量，当播放量低于 10000 时给出精确的数字（如 1734）；而当达到或高于 10000 时，只标注大概的数字（如 9.5 万）。虽然获取精确的播放量轻而易举，但是视频网站特意标注一个不精确的数字，以方便用户快速了解视频受欢迎的程度并做出选择。可见，对于这类问题的研究，无论是输入的数据还是分析得到的结果，其不精确性都不影响人们对于问题的理解，提高数据的精度反而会增加分析成本、降低分析效率。

(2) 数据量更为重要。

如前所述，大数据中的不精确、缺失、错误等难以避免，但是对于大数据分析，只要能获得大量数据，数据的混杂性并不影响我们掌握事物的规律。例如，为了研究某交通干道的噪声情况，在道路两侧布置了 50 个噪声测量仪实时记录噪声水平，一天之中每小时采样一次，会得到噪声的变化规律。如果每分钟，甚至每秒取样一次，数据误差、偶然因素造成的结果错误、机器条件不佳引起的读数不准确、存储和传输数据丢失等问题发生频率会提高，即随着数据的增加，错误率也会相应增加。但是所有数据所呈现出的噪声随时间变化的趋势将更为具体和准确。

(3) 效率至上。

对于一些场景，需要对大量数据进行快速分析并输出结果，此时并不要求结果十分精确，也不要求分析结果是唯一的。比如大型电商、国有银行在进行决策时，需要对大量数据进行分析，以便为用户推荐产品和服务。在进行数据分析时，某些数据，如用户的健康、家庭情况和消费意向等都会影响分析结果，而这些数据很难完全获得。用特定模型对大数据进行快速分析得到的结果虽然没有那么精确（如可能出现一些客户的错误分类），却可以提高决策效率，整体上防止客户流失，在市场竞争中抢占先机。

(4) 不完美的数据才是"完美"的。

大数据的混杂性无处不在且不可避免，但这样的数据恰恰是我们周围世界的真实写照，对大量不完美数据的有效分析，能够帮助我们更好地理解现实世界。一个典型例证是 Google 翻译系统的成功。Google 公司为了提高机器翻译质量，建立并利用了一个巨大的数据库，数据库中包含了各种语言的翻译，既有联合国和欧盟等权威机构发布的官方文件和报告的译本，也包含了网页上大量不完美的语句，如存在拼写错误、语法错误或者结构不完整的句子等。正是由于对这些完美和不完美语句的利用，Google 翻译具有惊人的适应性，能够对多种语言进行高质量翻译，对于某些语言的翻译质量已经与人类翻译不相上下。

1.3.3　关注相关关系

采用各种算法进行大数据分析后，可能发现不同现象之间存在显著的相关性，弄清二者为什么相关并不是大数据分析所关心的问题。虽然一些学者并不认同以上观点，认为搞清楚事物之间的因果关系能够让我们更为深入地探索问题的本质（对于相关关系和因果关系将在 2.10.3 节进行说明），但不可否认的是，发现并利用现象之间的相关性，就已经可以帮助我们高效地创造价值或避免损失。

1.4　生态环境大数据简介

1.4.1　生态环境大数据的概念

大数据作为一种先进的数据处理、分析和管理手段，已经在许多领域展现出巨大的潜力和价值，为社会的发展带来深刻的变革。我国高度重视生态环境保护，并采取了一系列积极措施来推动这一事业的发展。然而，大数据在生态环境领域的应用仍然处于起步阶段，对于生态环境大数据的概念尚无统一的认识。从生态环境大数据的数据本质出发，可以将其定义为：生态环境大数据作为大数据的一部分，是指通过运用大数据理念、技术与方法，进行有效收集、处理与应用的大而复杂的生态环境数据集。从生态环境大数据的学科交叉角度，可以定义为：生态环境大数据是指运用大数据理念、技术和方法，解决生态环境领域数据的采集与存储、计算与应用等一系列问题，是大数据理论和技术在生态环境领域的应用和实践。根据国务院 2015 年 8 月发布的《促进大数据发展行动纲要》对大数据的描述，生态环境大数据可以定义为：通过对社会经济活动中产生的与生态环境领域相关的海量数据进行采集、存储和关联分析，为生态环境治理体系和治理能力现代化提供支撑的新一代信息技术和服务业态。2016 年 3 月，环境保护部印发《生态环境大数据建设总体方案》，指出："以改善环境质量为核心，加强顶层设计和统筹协调，完善制度标准体系，统一基础设施建设，推动信息资源整合互联和数据开放共享，促进业务协同，推进大数据建设和应用，保障数据安全。通过生态环境大数据发展和应用，推进环境管理转型，为实现生态环境质量总体改善目标提供有力支撑。"

综合以上表述，生态环境大数据可以定义为：生态环境大数据是大数据与生态环境领域相融合产生的新兴交叉学科，通过运用大数据理念、技术和方法对生态环境相关统计、调查研究和管理数据进行广泛收集、存储和深入分析，为生态环境保护决策提供科学支撑。

1.4.2　生态环境大数据的"5V"特征

生态环境大数据作为大数据的一个重要应用领域，同样具备"5V"特征。

(1) 体量大 (Volume)。

生态环境领域的研究范围十分广泛，水体、大气、土壤、生物群落、元素循环等各方面数据构成了十分庞大的数据集，其规模往往达到 TB、PB 甚至更大的级别。

(2) 种类多 (Variety)。

生态环境大数据类型多样，如环境监测数据、环境统计数据、遥感数据、人口资料、生态环境管理数据和科学研究数据等，既有数值，也有图像、视频、文本等，尤其是大量包含时间和空间信息的数据，对数据处理和分析技术提出了更高的要求。

(3) 速度快 (Velocity)。

随着人们环境保护意识的增强，对于生态环境调查研究的范围不断扩展，大量传感器被用于实时或准实时地采集数据，使生态环境数据的生成和更新速度非常快。例如，我国林业、交通、气象和环保等领域数据量级达到了 PB 级别，而且还在以每年数百 TB 的速度增加。同时，数据分析速度也需要跟上数据生成速度，尤其是在突发生态灾难和环境污染事故时，快速预测并提出相应对策是至关重要的。

（4）价值高而价值密度低（Value）。

同大数据一样，尽管生态环境大数据具有庞大的数据量，但其价值密度却可能相对较低，即大量数据中只有少数数据具有实际的应用价值。如用红外摄像头研究某珍稀动物，可能数百小时视频资料中只有几秒出现研究目标。因此，如何从海量数据中提取出有价值的信息，是生态环境大数据处理和分析的关键问题之一。

（5）真实性（Veracity）。

生态环境大数据的准确性和可靠性直接影响到环境管理和决策的效果。因此，在生态环境大数据的采集、传输、存储和处理过程中，必须采取严格的质量控制措施，确保数据的真实性和可靠性。在数据采集阶段，需要建立一套完善的采集标准和流程，选择合适的采集设备和技术，培训专业的采集人员，确保采样设备性能正常。在数据传输阶段，采用安全可靠的传输方式，保证网络稳定性，防止数据在传输过程中被篡改或丢失。在数据存储阶段，选择稳定可靠的存储设备和软件系统，定期检查和维护存储设备，并建立备份机制，设置数据访问权限，维护数据安全，防止数据丢失或损坏。

1.4.3　人工智能在生态环境大数据领域的作用

人工智能技术在生态环境大数据领域具有巨大的应用潜力，对于提高环境质量、提升环境保护管理水平和正确决策将发挥至关重要的作用，并为解决当前生态环境大数据所面临的问题提供可行方案。

（1）数据融合与处理。

生态环境大数据来源庞杂，数据类型多样，数据格式各异，尤其是生态环境数据往往含有大量时空信息，且具有时空分布不均、数据跨越时间长等特点。另外，生态环境问题通常与水、土、大气，以及国民经济情况等各种数据密不可分，涉及多个领域和部门，如何有效整合数据是必须解决的问题。人工智能可以协助建立高效的数据管理体系，将海量混杂的生态环境数据进行有效的集成和融合，快速进行数据清洗、转换等处理步骤，为生态环境大数据分析奠定基础。

（2）提高生态环境保护管理水平。

通过智能传感器和监测设备的部署，可以实时获取环境数据，使用深度学习、机器学习等算法，人工智能能够从复杂的数据中提取有价值的信息，识别出潜在的生态环境问题和变化趋势。这对于环境监测和管理来说具有重要意义，可以帮助人们更准确地了解环境状况，及时发现并解决环境问题。同时，人工智能还可以优化环境保护资源的分配，提高资源利用效率，降低环境保护成本。

（3）推进政策和标准的制定和改进。

生态环境大数据分析的结果，可以让决策者了解不同地区、不同行业的生态环境问题和影响，更有针对性地制定和改进生态环境保护政策和行业标准。同时，人工智能还可以建立模型，模拟不同政策和标准的实施效果，以便选择最合适的解决方案，实现生态环境保护与利用的最优化。

（4）推动公众参与和教育。

利用人工智能的语言和图像处理能力，可以通过智能手机、电脑等平台，以及公共场所、生态环境保护部门和科普基地的智能屏幕、智能机器人来促进公众了解生态环境知识、参与生态环境保护，收集公众对生态环境状况和相关政策的意见，在提高公众生态环境保护意识的同时，让政府部门发现和解决新问题。

1.5　主要数据分析工具简介

目前，数据分析已经深入到生产和生活的各个角落，无论是专业的数据分析师，还是普通管理人员、学生等都有数据分析的需求。工欲善其事，必先利其器，为了满足不同的数据分析需求，许多厂商开发了功能各异的软件或模块，帮助个人用户和企事业单位从原始数据中提取有价值的信息。常用的数据分析工具如下：

（1）Excel。

Excel 是微软公司开发的电子表格软件，得益于 Windows 系统的普及，Excel 已经成为电脑系统中安装最多的办公软件之一。Excel 支持多种数据类型，包括数字、文本和日期等，能够打开或存储为 Excel、文本、PDF 和数据库等文件形式，主要用于百万行以内数据的预处理、初步分析和数据可视化，并可以通过 VBA（Visual Basic for Applications）编程实现功能组合，提高数据处理效率。Excel 已经在金融、医疗、仓储、教育等行业得到了广泛应用，但不适用于复杂统计分析。

（2）SAS。

SAS 全称为 Statistical Analysis System（统计分析系统），是功能非常强大的软件套件，除了描述统计和推断统计方法外，还具有决策树、神经网络、支持向量机等多种算法以实现数据挖掘功能。此外，SAS 还提供了数据可视化和报告功能，可以帮助用户更好地理解和传达数据分析结果。SAS 无疑是进行专业数据分析的利器，但是用户需要学习 SAS 的专用编程语言才能充分发挥其功能，学习成本相对较高。

（3）SPSS。

SPSS 最初全称为 Statistical Package for the Social Sciences（社会科学统计软件包），主要解决社会科学领域相关统计问题。随着 SPSS 公司的发展壮大，陆续并购了 SYSTAT、BMDP 等公司，使 SPSS 产品线不断扩展，服务深度逐渐增加，其全称改为 Statistical Product and Service Solutions（统计产品与服务解决方案）。2010 年，SPSS 公司被 IBM 公司并购并更加快速发展，现在具有统计学分析运算、数据挖掘、预测分析和决策支持任务等模块，在某些方面具备了与 SAS 竞争的实力。SPSS 具有图形化界面，常用的数据处理和分析功能都可以通过点击菜单来调用，软件使用简单，受到许多非专业数据分析人员的喜爱。SPSS 也可以通过内置编程语言、脚本语言等实现高级分析功能，以满足专业数据分析人员的需求。

（4）STATISTICA。

STATISTICA 是美国 STAT SOFT 公司开发的大型统计软件，该公司已经于 2014 年被戴尔公司收购。STATISTICA 除了具有数据处理、聚类分析、方差分析、回归分析、统计绘图等基本功能外，还可以应用于商业、社会科学、生物工程等领域数据挖掘。STATIS-TICA 的知名度虽然远不如 SPSS，然而其功能之强大却不逊于 SPSS。

（5）MATLAB。

MATLAB 是 Matrix Laboratory（矩阵实验室）的简称，是美国 MathWorks 公司出品的商业数学软件，可以用于算法开发、数据可视化、数据分析、无线通信、深度学习、图像处理与计算机视觉、信号处理、量化金融与风险管理、机器人、控制系统等领域的高级语言和交互式环境。MATLAB 的编程语言是一种专门为数值计算和科学工程设计而开发的语言，具有语法简洁、矩阵处理能力强、函数库丰富的特点。

（6）BI 工具。

BI 即 Business Intelligence（商业智能）的缩写，是一套完整的数据类技术解决方案，旨在将企业中的各种数据进行有效整合，通过数据挖掘、数据可视化等技术手段，帮助企业进行决策。BI 工具是商业科学与数据科学的结合，随着人工智能技术在各个行业得到应用，主流的 BI 工具也开始整合机器学习、自然语言处理等功能，对数据进行处理和深入分析，并采用数据仪表板方式动态展示不同来源和类别的数据及其分析结果，为企业决策、市场分析、运营优化、财务管理和客户关系管理等提供决策依据。主要的 BI 工具有 Tableau（领先的现代商业智能平台）、Power BI（Microsoft 开发的商业智能工具）和 Fine BI 等，其中 Fine BI 是国产的大数据分析工具，功能强大且使用便捷，已经得到了阿里巴巴、华为、中国电信、中国石油等大型企业的认可。

（7）R 语言。

R 语言是一种用于数据分析和可视化的编程语言，是自由、免费、源代码开放的软件。R 语言由新西兰奥克兰大学的 Robert Gentleman 和 Ross Ihaka 在 S 语言的基础上开发而成，S 语言是由 AT&T 贝尔实验室开发的一种用来进行数据探索、统计分析和作图的解释型语言。R 语言集成了大量的统计分析方法和工具，包括数据存储和处理、统计分析、统计建模、假设检验等。作为开源的数据分析工具，R 语言拥有丰富的软件包，用户可以根据需要安装和使用不同的软件包来扩展其功能。截至 2025 年 5 月，仅 R 语言官方软件包存储库 CRAN（Comprehensive R Archive Network）中的可用包就已达到 22492 个，且以每年 1000～2000 个包的速度增加。随着数据分析技术的进步，R 语言的功能也在不断扩展，包括但不限于机器学习、计算机视觉、自然语言处理等领域。如用于机器学习的 Caret 包、用于神经网络的 Neuralnet 包、用于随机森林算法的 RandomForest 包等。

（8）Python。

Python 是一种面向对象、解释型的高级计算机程序设计语言，由荷兰计算机程序员 Guido van Rossum 于 1989 年底发明。Python 编程语法简洁而清晰，具有丰富和强大的类库，能够进行数据清洗、处理、统计分析和可视化。但数据分析只是其众多功能之一，Python 还具有网络爬虫、Linux 系统运维、数据库应用、Web 开发等功能，能够方便地实现团队协作。在人工智能领域，Python 比 R 语言应用更为广泛，借助 Scikit-learn、Tensor-Flow 和 PyTorch 等库，能够实现数据挖掘、机器学习和深度学习等功能。Python 还常被昵称为胶水语言，能够把以其他语言（尤其是 C/C++）编写的各种模块很轻松地联结在一起而实现复杂的功能，并提高程序运行效率。与 Python 相比，R 语言更专注于数据分析，如果工作的内容主要是数据分析，R 语言可以满足大部分需求；但是如果需要团队协作进行项目开发，或者需要网络环境支持，Python 更为合适，实际上许多数据分析师同时精通两种软件。

以上工具大致可分为闭源软件和开源软件两大类，两类软件都有各自的优缺点。SAS 和 SPSS 是闭源软件，其源代码不向公众开放，这种软件通常通过许可证制度或订阅方式进行分发，用户需要购买才能合法使用。这类软件所采用的统计分析方法通常需要反复进行验证以确保其稳定性和可靠性，如 SAS 开发团队中有很多统计学家提供方法建议和指导。数据分析方法的可靠性往往需要长时间进行验证，这导致 SAS 和 SPSS 等闭源软件在采用新分析方法时持谨慎态度。而 R 语言和 Python 等开源软件恰恰相反，当有新的数据分析方法出现时很快会形成软件包供用户下载安装，这使 R 语言和 Python 充满活力，获得了越来越多用户的青睐（当然，免费也是开源软件受欢迎的重要原因）。不过 R 语言和 Python 所提供的许多软件包并未经过验证，存在分析结果错误的可能性。较新版本的 SAS 和 SPSS 实现了 R 语言和 Python 的支持和调用，以此解决不能及时纳入新分析方法的问题，同时规避新方法可靠性的风险。

练习

1. 什么是大数据？大数据有哪些特性？
2. 数据规约与数据抽样有什么区别和联系？
3. 什么是人工智能技术？
4. 人工智能技术在生态环境大数据领域具有哪些作用？

第2章

Excel数据处理和初步分析

Excel 作为一款强大的电子表格软件，不仅具有数据录入与管理的基础功能，也具备常用的统计功能。通过内置的数学函数和统计函数，Excel 支持从简单的算术运算到较为复杂的推断统计分析，并借助多种图表直观展示数据的分布特征和内在联系。这些功能使 Excel 成为数据准备和基本统计分析的有力工具。

2.1 统计分析基本概念

2.1.1 总体、个体与样本

总体、个体与样本三个概念共同构成了统计描述与统计推断的基础，对于理解数据分析的方法至关重要。

（1）总体。

总体是研究的全部对象（数据）的集合，即研究对象的全体。总体是由具有某种共同性质的许多单位所构成的集合体，构成总体的各个单位称为个体。

（2）总体分为有限总体和无限总体。

有限总体中包含的个体数量是有限的，可以对其中每个个体的某项指标进行调查和研究，如某一片树林中乔木的胸径。无限总体中个体数量是无限的，如研究河流中镉的浓度，理论上在任何时刻镉的浓度都有微小变化，一段时间内镉浓度的总体中个体数量为无限。

（3）样本。

样本是从总体中随机抽取出来的一部分个体组成的集合。对于无限总体，无法获得总体中所有数据；对于有限总体，有时获取所有数据的成本过高，此时可以通过随机抽样技术获得有代表性的样本进行研究，进而推断总体特征。

（4）样本量。

样本量是样本中包含的个体数量，样本量大小对统计推断的精度和可靠性有重要影响。大样本指在调查或实验中所使用的样本数量足够大，能够更准确地反映总体特征，减少由随机误差或抽样误差导致的偏差。但何为大样本取决于研究目的、数据分布特征和统计方法，并没有一个绝对的、固定的数值，在实际分析中大样本通常需要样本量≥30。

2.1.2　变量

变量是所观察对象的某种特征，可以是定性的（如植物的种类、土壤的类型等），也可以是定量的（如速度、时间、距离等）。变量对于数据分析至关重要，可以用于分析数据的分布特征，探索数据的变化趋势，以及事物之间的关系和规律。

变量可以根据其取值的性质分为离散型变量和连续型变量。离散型变量取值是不连续的，通常只能取有限的整数或特定范围内的值，如人数、机器的台套数等。连续型变量是指可以在一定区间内连续变化的变量，理论上在取值范围内可以无限细分，如一段时间内空气中二氧化硫的浓度。

2.1.3　统计量和参数

参数是描述总体特征的数值指标，如总体均值、标准差等。统计量是由某个样本计算出的数值特征。实际工作中，通常难以对总体进行全面调查，需要用统计量来估计总体的特征。

2.2　Excel 软件界面

运行 Excel，在打开的向导窗口中点击"空白工作簿"，即可建立一个 Excel 工作簿（Workbook）。工作簿存储了 Excel 文件中的所有内容，包括工作表（Worksheet）、数据、图表、公式和计算结果等，可以看作 Excel 文件的顶层容器。如果此时点击保存图标 🖫（图 2.1 ①），或者点击"文件"→"保存"或"另存为"（图 2.1 ⑤），或者直接用快捷键"Ctrl＋S"，之后选择文件保存路径，可以将工作簿保存为扩展名为".xlsx"或".xls"的文件。当有一个或多个工作簿打开时，点击"文件"→"开始"→"空白工作簿"或者"文件"→"新建"→"空白工作簿"，能够创建一个新工作簿，更为快捷的方法是按组合键"Ctrl＋N"。

Excel 软件界面由多个部分组成（图 2.1）：

① 快速访问工具栏。用于存放常用命令按钮，如保存、撤销等，方便用户快速操作，可以通过点击右侧"自定义快速访问工具栏"按钮来调整显示内容。

② 文件标题。显示当前打开的工作簿名称。

③ 功能区显示选项按钮。默认为"显示选项卡和命令"。若点击选择"显示选项卡"或

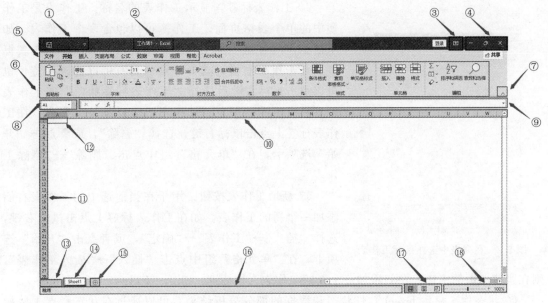

图 2.1　Excel 界面组成

者"折叠功能区"（图 2.1 ⑦），将仅显示选项卡而隐藏功能区。若点击选择"自动隐藏功能区"，在操作工作表时，图 2.1 ①～⑦部分会自动隐藏，将鼠标移动到窗口最上方并点击，或者按键盘"Alt"键，能显示隐藏区域。"显示选项卡""折叠功能区"和"自动隐藏功能区"都可以增加工作表编辑区显示范围。

④ 窗口控制按钮。用于最小化、最大化和关闭窗口。

⑤ 菜单栏。包含多个选项卡，每个选项卡下又包含多个组和命令。

⑥ 功能区。显示菜单栏不同选项卡下包含的组和命令。菜单栏和功能区是 Excel 中进行数据处理和分析的主要功能区域。

⑦ 折叠功能区按钮。点击则隐藏功能区。

⑧ 名称框。用于显示单元格的名称。

⑨ 编辑框。显示所选单元格的内容，可以直接在此输入或修改内容，如单元格的值、公式或函数。点击左侧的 f_x 按钮，即可调用 Excel 函数。函数是预先定义好的一系列功能模块，Excel 提供了丰富的函数库，如数学和三角函数、统计函数、日期函数、财务函数等，用于执行各种复杂的数据处理任务。在后续的章节中，将介绍与数据统计分析相关的重要函数。

⑩ 列标。目前 Excel 工作表的最大列数为 16384 列（即列标从 A 到 XFD）。

⑪ 行号。目前 Excel 工作表的最大行数为 1048576 行。

⑫ 单元格。即 Excel 数据构成的基本元素。一个行号和一个列标可以唯一确定一个单元格，单元格的名称显示在名称框（⑧）中，如 B3 表示第二列第三行的单元格。可以在名称框中修改单元格名称，如将"B3"改为"cell_1"，后续操作中可以通过在名称框中输入"cell_1"并回车来调用此单元格，也可以直接在名称框右侧的下拉框中选择"cell_1"。此操作也可以对所选择的多个单元格进行命名和调用。

⑬ 切换工作表按钮。切换工作表（快捷键：Ctrl＋PageUp/PageDown），或者点击鼠标右键后在列表中选择目标工作表（图 2.2）。

活动文档(A):

Sheet1
Sheet2
Sheet3

确定   取消

图 2.2   在列表中选择目标工作表

⑭ 工作表标签。显示工作表的名称。工作表是工作簿中的单个表格页面，工作簿可以包含多个工作表。如果把工作簿看作一本书，则工作表是书页。在工作表标签上点击鼠标右键，选择"重命名"可以修改标签，也可以点击鼠标右键后选择"工作表标签颜色"使工作表标签具有不同的颜色。如果不再需要某一工作表，在工作表标签上点击鼠标右键，选择"删除"，或者点击"开始"选项卡，在"单元格"组中点击"删除"→"删除工作表"。

⑮ 新增工作表按钮。用于在当前选中的工作表右侧添加一个新的工作表。如在工作表标签上点击鼠标右键，选择"插入"→"工作表"→"确定"，或者点击"开始"选项卡，在"单元格"组中点击"插入"→"插入工作表"，则在当前选中的工作表左侧添加一个新的工作表（快捷键：Shift＋F11）。

⑯ 状态栏。显示 Excel 软件状态和数据的部分分析结果，可以通过在状态栏点击鼠标右键来改变状态栏显示内容。

⑰ 视图切换按钮。用于切换工作表的显示方式，其中"页面布局"视图可以用于 Excel 页面排版。

⑱ 工作表编辑区显示比例。用于放大或缩小编辑区显示比例。通过拖动标尺改变显示比例，或者鼠标左键点击右侧的比例数字，然后快速选择所需比例。

2.3　Excel 数据文件创建

2.3.1　直接输入数据及数据的类型

在一个新建或打开的 Excel 工作簿中，可以直接通过键盘在单元格中输入数据。每一个单元格中的值为一个元素，是数据表最基本的构成单位。通常将同一变量输入到同一列中，即每一列为一个变量，此时一行称为一个观测。元素、变量和观测三个要素构成了一个数据表。

【例 2.1】　一名学生的主要信息如下：男生张三，学号为 5120240123，就读于环境与资源学院环境工程系，身份证号为 510701202401014012，2024.9.1（2024 年 9 月 1 日）入学。请建立 Excel 文件存储以上信息。

解题方法：

根据以上信息在 Excel 中输入数据［图 2.3(a)］，输入时通过键盘回车键和方向键，或者点击鼠标左键选择单元格以改变输入的位置。A1:G1 单元格（代表 A1 到 G1 范围内的单元格）中的字段为变量名，每一列即为一个变量。需要注意 Excel 数据表没有严格的行列之分，但考虑到与其他软件联合分析数据，建议将同一变量输入到同一列中。

输入的信息若超出单元格显示范围，可将光标定位到列标边缘，当光标变为双向箭头时拖动鼠标调整列宽；或者在列标上点击鼠标右键，选择"列宽"后输入列宽值［图 2.3(b)］。

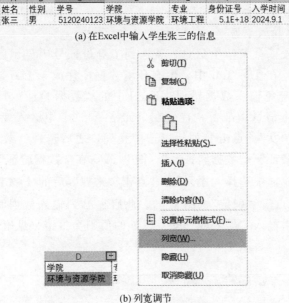

(a) 在Excel中输入学生张三的信息

(b) 列宽调节

图 2.3　输入数据并调节列宽

在单元格上点击鼠标右键，选择"设置单元格格式"可以设置单元格中的数据类型。在弹出的"设置单元格格式"对话框（图 2.4）左侧"分类"列表中可以看到默认的数据类型是"常规"，其他常见的数据类型为"数值""日期"和"文本"等，点击以选择需要的数据类型并在对话框右侧设置数据显示格式。本例中，在输入身份证号码（F2单元格）后数据变成了科学记数法形式，因为 Excel 单元格中输入的数字超过 11 位时会自动显示为"科学

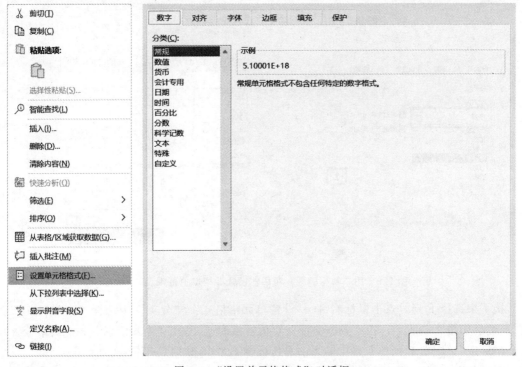

图 2.4　"设置单元格格式"对话框

记数"类型,可以将单元格类型设置为"文本"以显示身份证号。在图 2.3(a)的 F2 单元格上"设置单元格格式"为"文本"并不能显示身份证号,需要在输入数据之前定义单元格数据类型为"文本"后再输入数据。

本例中,仅仅输入了一条学生信息,就遇到了身份证号码显示问题,还有可能出现输入位数错误等问题。在实际工作中,生态环境数据往往成千上万,有必要事先定义数据类型和取值范围来避免输入数据错误,Excel 中的"数据验证"具有此功能。如本例中,要为输入多个学生信息做准备,首先在单元格 A1:G1 中输入变量名,并在 I2 和 I3 中分别输入"男"和"女"。点击 B 列标以选中整列,之后选择"数据"选项卡→"数据工具"组中的"数据验证"→"数据验证…"(图 2.5),在"数据验证"对话框"设置"选项卡下的"允许"下拉框中选择"序列",并点击"来源"后的 ⬆ 按钮,用鼠标拖动选择 I2:I3 单元格,回车,点击"确定"(图 2.6)。此后在 B 列输入数据时,点击单元格右侧按钮可以选择值,如果输入"男"或"女"以外的值则会报错(见附件文件"2_1 学生信息.xlsx")。

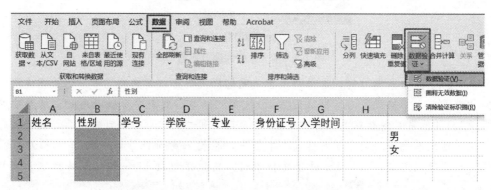

图 2.5   用"数据验证"设置单元格数据类型

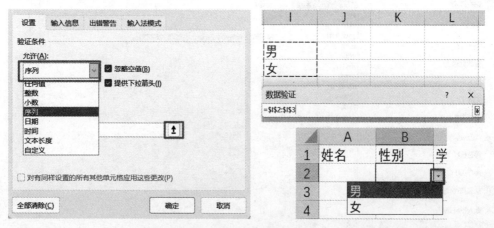

图 2.6   用"数据验证"对话框设置 B 列取值范围及效果

接下来选择 F 列,点击鼠标右键→"设置单元格格式"→"分类"中选择"文本"并"确定",然后如图 2.7 所示,在"数据验证"对话框修改"设置""输入信息"和"出错警告",点击"确定",则在 F 列单元格中输入的身份证号不是 18 位时将报错。

在"数据验证"对话框中还可以设置输入数值的大小及日期的范围等。如果想清除单元

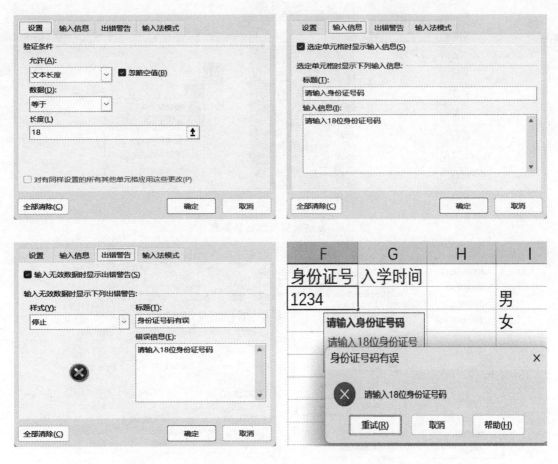

图 2.7　在"数据验证"对话框中设置 F 列取值范围及效果

格的数据验证条件，可以点击"数据验证"对话框左下角的"全部清除"。

2.3.2　数据填充

如果要输入的数据具有明显的规律性，可以通过数据填充功能快速输入数据。

2.3.2.1　填充相同数据或等差/等比数列

Excel 可以快速填充数值、文本、日期等类型数据。如在 A1 单元格中输入 1 并回车，点击 A1 单元格，在右下角有一个方形点（填充柄），将光标移动到填充柄上会变成黑色十字，此时按住鼠标左键并向下拖动到目标单元格后松开，会自动在所选单元格中复制 1（图 2.8）。此法也可以用于对文本数据进行复制。图 2.8 中，拖动鼠标填充后，点击右下角的"自动填充选项"按钮，并选择"填充序列"，可以自动填充公差（步长）为 1 的等差数列。如果以上拖动鼠标的操作改为鼠标右键，则会弹出填充选项菜单（图 2.9），点击"序列"（或者"开始"→"填充"→"序列"），弹出序列选项对话框，可以设置等差或等比数据的步长、终止值等。

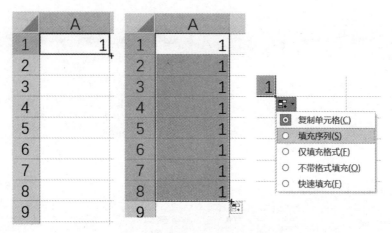

图 2.8   复制数据及填充等差数列

图 2.9   自定义填充序列对话框

2.3.2.2   填充公式

（1）相对引用。

Excel 能够以公式填充单元格。如在 A1:A8 单元格填充数字 1～8，现在要在 B 列计算 A1:A8 的平方，首先在 B1 中输入公式"＝A1^2"并回车，其中"^"（Shift＋大键盘数字 6）表示幂运算（图 2.10）。点击 B1 单元格，鼠标左键拖动填充柄到 B8 后得到计算结果。

	A	B
1	1	=A1^2
2	2	
3	3	
4	4	
5	5	
6	6	
7	7	
8	8	

	A	B
1	1	1
2	2	4
3	3	9
4	4	16
5	5	25
6	6	36
7	7	49
8	8	64

	A	B
1	1	=A1^2
2	2	=A2^2
3	3	=A3^2
4	4	=A4^2
5	5	=A5^2
6	6	=A6^2
7	7	=A7^2
8	8	=A8^2

图 2.10   相对引用填充公式

点击"公式"选项卡下"公式审核"组中的"显示公式"，可以看到 B 列公式中的单元格名称会根据 A 列单元格位置变动而相对变动。公式中引用的单元格随着填充、复制或移动的位置而自动调整，叫作相对引用。相对引用可以实现对数据的高效运算。

【例 2.2】 斐波那契数列又称黄金分割数列,其特点是从第三项开始,每一项都等于前两项之和。已知一个斐波那契数列的前两项是 0 和 1,求这个数列的前 15 项。

解题方法:

在 A1 和 A2 中分别输入 0 和 1,在 A3 中输入公式"＝A1＋A2"并回车(图 2.11),在 A3 拖动填充柄到 A15 进行填充即可,前 15 项为 0,1,1,2,3,5,8,13,21,34,55,89,144,233,377。显示公式后可以看到 A3:A15 中都是对当前单元格之前的两个单元格的引用和计算。

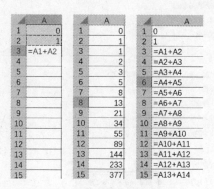

图 2.11 公式的相对引用

(2) 绝对引用。

绝对引用是指公式中引用的单元格在填充、复制或移动公式时保持不变。在公式中如果某个值或某个引用的区域需要保持不变,则需要对其绝对引用。通过在列标和行号前添加"＄"符号(Shift＋大键盘数字 4)来实现绝对引用。

【例 2.3】 已知某公司 2019—2023 年环保投资分别为 100 万元、106 万元、115 万元、126 万元、155 万元,求相对于 2019 年,后续几年的环保投资增长率。

解题方法:

根据题意,在 Excel 中输入数据(图 2.12),在 C3 中输入公式"＝(B3-＄B＄2)/＄B＄2",并填充至 C6,选中 C2:C6,设置数据类型为"百分比",小数位设置为 0,得到结果。

图 2.12 公式的绝对引用

2.3.2.3 填充内置序列和自定义序列

Excel 中内置了一些序列,当填充数据时将按照内置序列顺序。如输入"星期一",填充单元格后将按照"星期一,星期二,……,星期日"的顺序循环。如果 Excel 中没有需要的序列,可以自定义。如需要按照"环境科学,环境工程,环境管理,环境伦理"的顺序填充单元格,可以首先在 Excel 中按顺序输入以上字符串(如在 C1:C4 中输入),选择"文件"→"选项",在弹出的"Excel 选项"对话框中选择"高级",在右侧找到"常规"选项卡下面的"编辑自定义列表"按钮（图 2.13）。点击此按钮弹出"选项"对话框，左侧窗格中是 Excel 中目前内置的序列（图 2.14）。要添加新序列，点击右下角 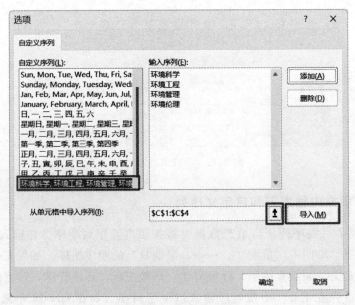 图标，鼠标拖动选择

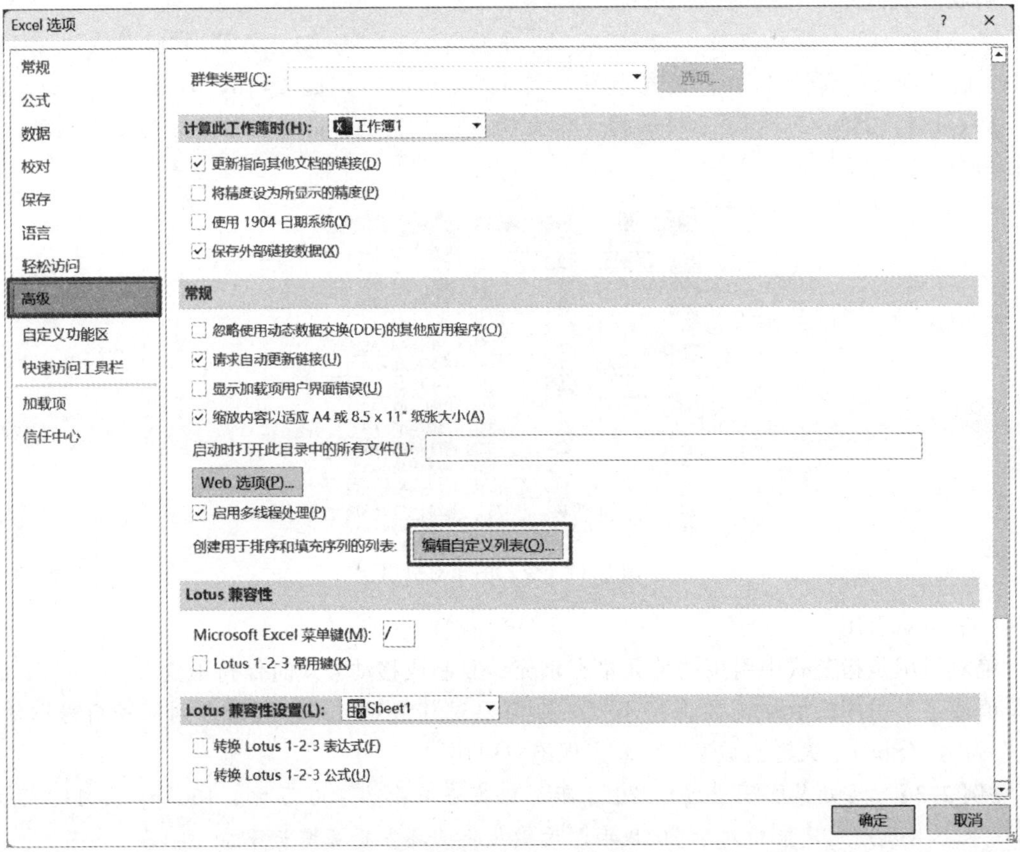

图 2.13　Excel 选项对话框

图 2.14　自定义序列

C1:C4 后回车,点击"导入"则新序列添加到左侧窗格,当然也可以在右侧窗格中直接输入新序列后点击"添加"。添加新序列后点击"确定"。此时在单元格中输入"环境科学,环境工程,环境管理,环境伦理"四个名词中的任意一个再进行填充,将按照定义的顺序循环填充单元格。

2.3.3　导入数据

2.3.3.1　导入文本数据

Excel 能够导入的文本数据大都为 TXT 和 CSV 格式。TXT 是 Windows 操作系统上附带的一种文本格式,几乎兼容任何平台,成为一种非常灵活的数据存储格式。CSV 是 Comma-Separated Values（逗号分隔值）的缩写,是一种简单且兼容性强的文本数据,很多数据分析软件支持 CSV 文件导入,如 Excel。

【例 2.4】　将数据文件"2_2 土壤营养元素含量.txt"导入 Excel。

解题方法:

点击"数据"选项卡→"获取数据"→"来自文件"→"从文本/CSV"（图 2.15）,或者直接点击"获取数据"右边的"从文本/CSV"命令按钮,选择"2_2 土壤营养元素含量.txt"文件并点击"导入",会显示文件预览,点击"加载"即可（有些版本 Excel 可能不显示加载预览）。

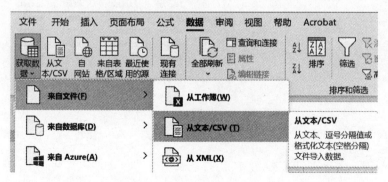

图 2.15　将文本数据导入 Excel

CSV 文件的导入方法相同,读者可以自行练习导入"2_3 土壤重金属含量.csv"。

2.3.3.2　导入数据库数据

Excel 中可以导入 Access、SQL、Oracle 等多种来源的数据库文件数据。我们以 Microsoft Access 数据库文件为例说明此功能。

【例 2.5】　将"2_4 样品分析数据库.mdb"文件中的"大气降尘样品分析"数据导入 Excel。

解题方法:

点击"数据"选项卡→"获取数据"→"来自数据库"→"从 Microsoft Access 数据库"（图 2.16）,选择"2_4 样品分析数据库.mdb"文件并点击"导入"。Excel 将连接数据库文件并显示文件中的所有数据（图 2.17）,点击以选择"大气降尘样品分析",再点击"加载"完成数据导入。

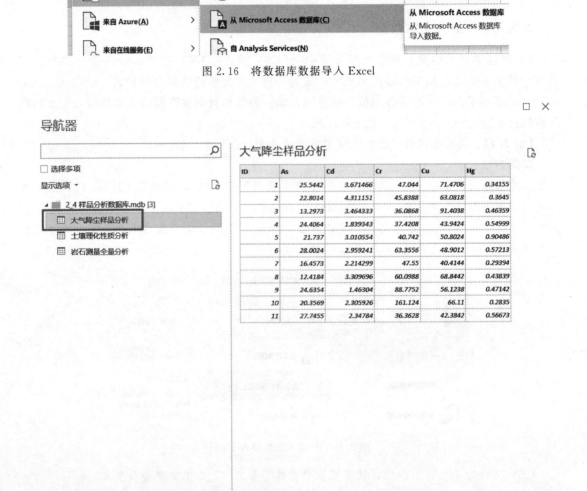

图 2.16　将数据库数据导入 Excel

图 2.17　将数据库文件导入导航器

2.3.3.3　导入网页数据

Excel 可以直接从网页上获取数据，前提是网页中的数据是文字而非图片。如在国家统计局官网上搜索"2005-2013 年循环经济发展指数"，得到数据网址。点击"数据"选项卡→"获取数据"→"自其他源"→"自网站"（图 2.18），或者直接点击"获取数据"右边的"自网站"命令按钮，输入以上网址后点击"确定"。Excel 会连接网站并将获取的数据在导航器中显示，选择需要的数据加载。

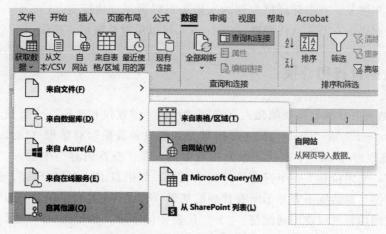

图 2.18　将网站上的数据导入 Excel

2.4　Excel 数据编辑

2.4.1　数据编辑一般操作

2.4.1.1　数据选取

（1）鼠标拖动。在起点单元格按住鼠标左键并拖动到终点单元格以选取矩形范围数据，在列标和行号上拖动可以选取多列或者多行。

（2）Shift 和 Ctrl 键辅助选取。在起点单元格点击鼠标左键，再按住 Shift 键并点击终点单元格以选取矩形范围数据；按住 Ctrl 键可以选取不连续的单元格或数据区域。

（3）按组合键 Ctrl＋A 可以选取全部数据。

2.4.1.2　复制、剪切和粘贴

复制、剪切和粘贴是 Office 系列软件中最常用的操作，快捷键分别为 Ctrl＋C、Ctrl＋X 和 Ctrl＋V。当然也可以在需要操作的数据上点击鼠标右键，再选择相应功能。

2.4.1.3　数据修改

（1）覆盖原值。在已有数据的单元格输入新值并回车，会覆盖原值。

（2）清除和删除。在选中的数据上单击鼠标右键，选择"清除内容"，则删掉选中单元格中的数据，按 Backspace 或者 Delete 键也可以实现清除操作。单击鼠标右键后选择"删除"则将单元格和其中的数据一起删掉，此时将弹出对话框询问如何移动周围的单元格。点击列标或行号以选中整列或整行，也可以清除或删除内容。

（3）插入。在选中的数据上单击鼠标右键，选择"插入"，将弹出对话框询问如何移动其周围的单元格。点击列标或行号以选中整列或整行，单击鼠标右键并选择"插入"，可以在当前列的左侧或行的上方插入一列或一行。

（4）撤销和恢复。点击标题栏左侧的左箭头可以撤销（快捷键：Ctrl＋Z）之前的一步或几步操作，而点击右箭头（快捷键：Ctrl＋Y）可以重做被撤销的操作。

2.4.2　数据查找和替换

Excel 的数据查找和替换功能强大，选择"开始"→"查找和选择"→"查找/替换"，或者按快捷键"Ctrl＋F"或"Ctrl＋H"，可以打开"查找和替换"对话框（图 2.19）。例如在"2_5 废气排放数据.xlsx"中查找北京的排放数据，在"查找内容"中输入"北京"，点击"查找下一个"，会定位到下一个符合条件的单元格；如果点击"查找全部"，则以列表方式在"查找和替换"对话框下方显示所有找到的结果，通过点击其中的链接可以定位到相应的单元格。查找的内容可以使用通配符："＊"代表任何字符，如"江＊"表示查找所有含有"江"的字符串，包括"黑龙江""江苏""浙江"和"江西"；"?"代表任何单个字符，如查找"江?"则找到"江苏"和"江西"。替换与查找在同一对话框，可以将查找到的内容替换为其他数据，如果"替换为"后面不填入任何内容，则相当于删除。

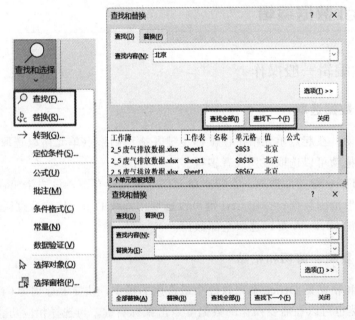

图 2.19　Excel 数据查找和替换对话框

2.4.3　数据排序

排序是一个非常常用的功能，可以帮助我们快速了解数据大小、重复情况和每个值出现的大致频次等。

2.4.3.1　单条件排序

选中要排序的数据，并选择"开始"→"排序和筛选"→"升序"／"降序"，也可以点击菜单栏上的"数据"选项卡，然后点击"排序和筛选"组中的"升序"和"降序"按钮，对数据进行排序。如果选择的列周围有相邻的数据，Excel 会询问相邻的数据是否进行排序，如选择"以当前选定区域排序"则只对选定数据排序，此操作可能会导致行对应关系错乱，需谨慎。

2.4.3.2　自定义排序

自定义排序允许用户根据需要进行复杂排序。

【例 2.6】　在文件"2_5 废气排放数据.xlsx"中按照"年度"进行升序排序，再按照"二氧化硫排放总量"进行降序排序。

解题方法：

选中文件"2_5 废气排放数据.xlsx"中的所有数据，选择"开始"→"排序和筛选"→"自定义排序"，或点击菜单栏上"数据"选项卡下面"排序和筛选"组中的"排序"按钮，打开"排序"对话框（图 2.20），在"主要关键字"下拉列表中选择"年度"，"排序依据"为"单元格值"，"次序"为"升序"。点击"添加条件"，在新增的"次要关键字"下拉列表中选择"二氧化硫排放总量(t)"，"排序依据"为"单元格值"，"次序"为"降序"，点击"确定"。

图 2.20　Excel 自定义排序

同理可以添加更多排序条件，排序条件的优先级依次降低。

Excel 排序十分灵活，除了数值大小，还可以用单元格颜色、字体颜色等作为排序依据。若变量为文本型（如本例中的"地区"变量），可以点击"排序"对话框中的"选项"，在"方法"栏选择按照字母顺序（音序）或者笔画顺序排序。若字母或者笔画排序得到的结果都不是需要的结果，可以在"次序"下拉列表中选择"自定义序列"。

2.4.4　数据筛选

数据筛选可以快速从大量数据中筛选出符合特定条件的数据，通常分为自动筛选和高级筛选（多条件筛选）两种。

【例 2.7】　在文件"2_5 废气排放数据.xlsx"中选择 2022 年二氧化硫排放总量小于 10000t 的地区。

解题方法：

方法一：点击选中数据的任意单元格，选择"开始"→"排序和筛选"→"筛选"，或点击"数据"选项卡下面"排序和筛选"组中的"筛选"按钮，此时第一行变量名右侧出现下拉箭头，在"年度"下拉列表中勾选"2022"后点击"确定"（图2.21），再在"二氧化硫排放总量（t）"下拉列表中选择"数据筛选"→"小于"，在弹出的"自定义自动筛选方式"对话框的"小于"后输入"10000"并点击"确定"，得到结果。注意左侧的行号变为蓝色、不连续的行号，不符合筛选条件的行被隐藏。

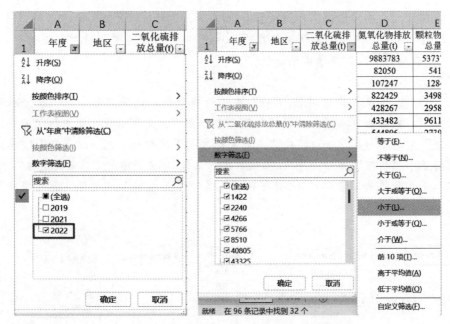

图2.21　Excel数据筛选

方法二：如图2.22所示，首先在G1:H2范围内输入数据筛选的条件，再点击"数据"选项卡下面"排序和筛选"组中的"高级"按钮，在"高级筛选"对话框中选择"将筛选结果复制到其他位置"。对话框中，"列表区域"是要从中进行筛选的数据区域，"条件区域"是筛选的条件（G1:H2），"复制到"指定筛选结果显示的区域，选择区域的左上角单元格即可（本例为J1）。最后点击"确定"，得到结果。

年度	二氧化硫排放总量(t)		年度	地区	二氧化硫排放总量(t)	氮氧化物排放总量(t)	颗粒物排放总量(t)
2022	<10000		2022	北京	1422	82050	5418
			2022	天津	8510	107247	12840
			2022	上海	5766	135700	9780
			2022	海南	4266	38315	9312
			2022	西藏	2240	44272	8335

高级筛选对话框：
方式：○ 在原有区域显示筛选结果(F)　● 将筛选结果复制到其他位置(O)
列表区域(L): $A$1:$E$97
条件区域(C): $G$1:$H$2
复制到(T): Sheet1!$J$1
□ 选择不重复的记录(R)

图2.22　Excel高级筛选

2.4.5　数据标识

数据标识可使数据或单元格显示为不同的样式。在 Excel 数据处理和分析中，数据标识可以突出重要信息，提高可读性，使用户快速掌握数据特征。

【例 2.8】　在文件"2_5 废气排放数据.xlsx"中将二氧化硫排放总量小于 10000t 的地区标识为黄色填充色和红色文本。

解题方法：

方法一：将数据按照"二氧化硫排放总量(t)"进行升序排序，选择小于 10000 的数据（C2:C14）之后点击"开始"选项卡，设置"字体"组中的"填充颜色"和"字体颜色"分别为黄色和红色（图 2.23）。

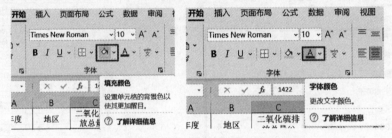

图 2.23　设置单元格填充颜色和字体颜色

方法二：对"二氧化硫排放总量(t)"进行筛选，筛选出小于 10000 的数据，再按照方法一修改单元格填充颜色和字体颜色，最后取消筛选。

方法三：采用条件格式。选择 C 列，在"开始"选项卡"样式"组中点击"条件格式"→"突出显示单元格规则"→"小于"（图 2.24），在弹出的对话框中输入"10000"，"设置为"选择"自定义格式"。在弹出的"设置单元格格式"对话框中的"字体"和"填充"标签下分别设置字体颜色为红色，填充色为黄色，点击"确定"。

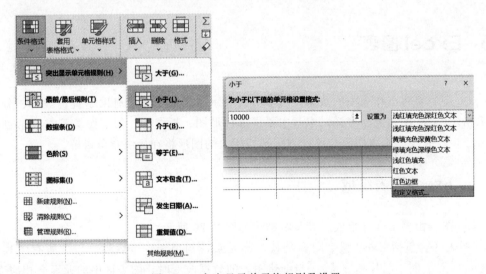

图 2.24　突出显示单元格规则及设置

除了突出显示单元格规则，条件格式还具有最前/最后规则、数据条、色阶和图标集等多种样式。对于已有规则，可以用"条件格式"→"管理规则"来修改；如果不再需要规则，可以选择"条件格式"→"清除规则"予以删除。此外，"样式"组中还有"套用表格格式"和"单元格样式"，也可以快速标识指定数据。

　　数据验证功能也可以用于标识数据。例如选择 C2:C97 单元格，选择"数据"选项卡→"数据工具"组→"数据验证"→"数据验证…"，在"数据验证"对话框中设置"验证条件"（图 2.25）。注意，由于数据验证会圈出无效数据，所以"数据"处选择的是"大于或等于"。选择"数据"选项卡→"数据工具"组→"数据验证"→"圈释无效数据"，小于 10000 的数据被圈出。

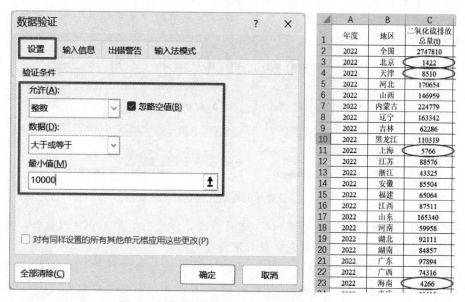

图 2.25　数据验证设置及圈释无效数据效果

2.5　Excel 图表

　　Excel 图表是将工作表中的数据以图形形式表示出来的工具，有助于直观理解、分析和展示数据。Excel 图表类型多样，本章主要讲解柱形图、折线图、散点图等基本图形创建及设置方法，直方图、箱线图等与统计方法密切相关的图形将在后续章节讲解。

2.5.1　Excel 图表组成

　　Excel 图表由多个部分组成，其基本结构如图 2.26 所示。

　　① 图表区。包括 Excel 整个图表及其内部元素，相当于一个容器，包含所有图表元素和对象（如文本框、图片和形状）。当创建图表的数据改变时，图表区中的元素会相应变化。

　　② 绘图区。绘制图形的区域，包括数据系列及相关元素（如数据标签等），数据系列可以是单系列，也可以是多系列。

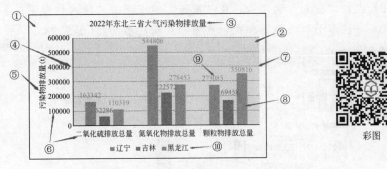

图 2.26　Excel 图表组成

③ 图表标题。图表标题用来说明图表内容，一般位于图表上方居中显示。但对于科技文献中的配图，通常不在图中显示标题，而是在图的下方（图外侧）以文本显示。

④ 坐标轴与刻度线。Excel 坐标轴分为数值轴（如本图中的纵轴）和分类轴（如本图中的横轴），分类轴一般不需要刻度线。

⑤ 坐标轴标题。用来说明坐标轴所对应数据的内容，有些图表类型可能没有坐标轴标题（如饼图和雷达图）。

⑥ 坐标轴标签。用于在数值轴上标识数据范围和刻度值，在分类轴上说明数据系列。

⑦ 网格线。在绘图区辅助数据系列定位和分类，分为水平网格线和垂直网格线。

⑧ 数据系列图形。根据数据的行和列创建的点、线、条（柱）、面等图形。

⑨ 数据标签。数据系列所对应的值，用于更为清楚地说明数据的大小、类别等。

⑩ 图例。标识数据系列的颜色、样式等，以区分不同数据系列。

2.5.2　柱形图和条形图

柱形图和条形图是一种以长方形的高度或长度来展示数据大小或多少的图形。通常长方形为垂直方向放置（竖立）的是柱形图，水平方向放置（横摆）的为条形图。

【例 2.9】　某市不同行业的污水排放量和工业总产值见"2_6 某市污水排放量和工业总产值.xlsx"，请作柱形图（图 2.27）展示数据。

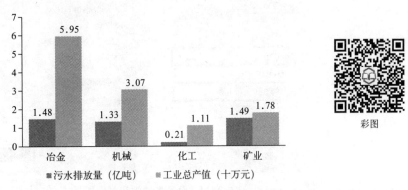

图 2.27　某市不同行业的污水排放量和工业总产值

作图方法：

（1）在文件"2_6 某市污水排放量和工业总产值.xlsx"中选择 A1:E3 单元格。

（2）点击"插入"选项卡，在"图表"组中点击"插入柱形图或条形图"按钮，下拉列表中有多种柱形图和条形图样式，点击"簇状柱形图"（图2.28）。

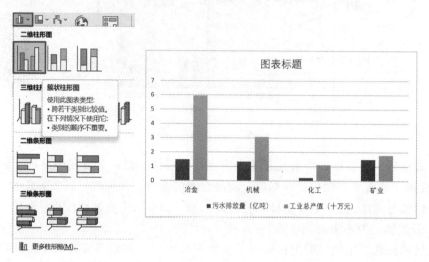

图2.28　插入簇状柱形图

（3）依次点击图表标题和网格线，按Delete键删除，或者点击鼠标右键，选择"删除"。

（4）双击纵轴标签，会在右侧显示"设置坐标轴格式"对话框，在"坐标轴选项"标签下点击油漆桶（填充与线条）图标，设置线条为实线、颜色为黑色、宽度为1磅；点击"坐标轴选项"图标，设置"主刻度线类型"为"外部"（图2.29），可以看到修改后的结果直接显示在图中。点击横轴标签，"设置坐标轴格式"对话框会切换到横轴属性，设定横轴为黑色实线。

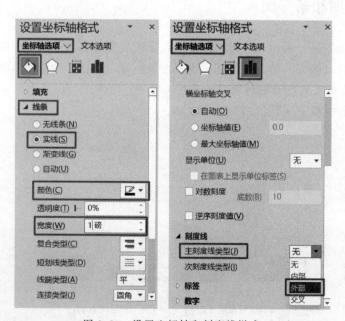

图2.29　设置坐标轴和刻度线样式

（5）点击选中任意数据系列，右侧对话框切换到"设置数据系列格式"（图2.30）。点击"系列选项"，设置"系列重叠"为"0%"，使两个数据系列紧邻；设置"间隙宽度"为

"50％"，系列空隙可以根据图的比例进行调节，本例中大约调节为柱宽度的一半。点击选中第二个数据系列，再点击"填充与线条"图标，调节"颜色"为绿色。

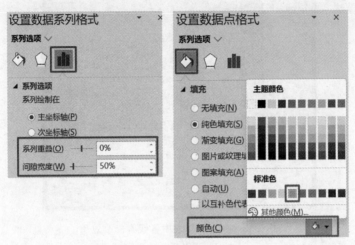

图 2.30　设置数据系列格式

（6）点击图表上任意元素，在图外右上角出现"图表元素"图标（图 2.31），点击此图标再勾选"数据标签"，添加数据系列对应的数据。通过"图表元素"选项可以添加许多图表元素。另外，在选中图表时，菜单栏会出现"图表设计"和"格式"浮动选项卡，提供更为丰富的图表样式设定。其中，在"图表设计"下选择最左侧的"添加图表元素"也可以添加或者删除图表元素。

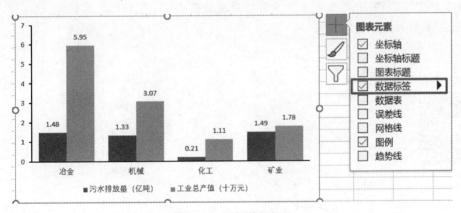

图 2.31　添加数据标签

（7）选中图表，选择"开始"选项卡，在"字体"组中设置字体和字号，分别点击选中两个数据系列的标签，设置颜色为蓝色和绿色（图 2.32）。

（8）点击图表区，在"设置图表区格式"对话框中选择"图表选项"→"填充与线条"→"边框"，选择"无线条"，得到最终结果。

图 2.32　修改字体大小和颜色

由上例可见，Excel 图表能够添加诸多图表元素，并且每个元素都可以进行编辑，由此可以得到丰富的图表效果，如图 2.33 所示。需要注意，图 2.33 只是作为 Excel 图表元素样式设置的练习案例，实际作图，尤其是科技文献中的配图，要力求简单明了。

彩图

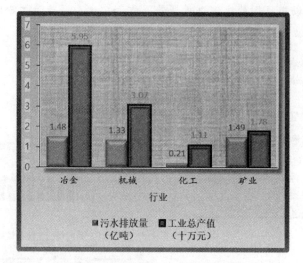

图 2.33　例 2.9 图表中各元素修改效果
（不同版本 Excel 得到的效果可能不同）

2.5.3　折线图

折线图是由直线连接数据点创建的图表，主要用于展示数据随时间或其他连续变量的变化情况。折线图中，一般只有绘制函数图或者拟合曲线时才能使用光滑曲线。

【例 2.10】　某地一月到五月空气污染物监测结果见"2_7 空气质量数据.xlsx"，请作折线图（图 2.34）以展示监测结果。

彩图

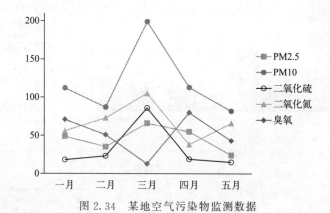

图 2.34　某地空气污染物监测数据

作图方法：

（1）在文件"2_7 空气质量数据.xlsx"中选择 A1:F6 单元格。

（2）点击"插入"选项卡，在"图表"组中点击"插入折线图或面积图"按钮，点击"带数据标记的折线图"（图 2.35）。

（3）删除图表标题和网格线。

（4）设置横轴和纵轴线条颜色为黑色；设置纵轴"主刻度线类型"为"外部"。在"坐标轴选项"下设置"边界"的"最小值"为 0，"最大值"为 210（图 2.36）。

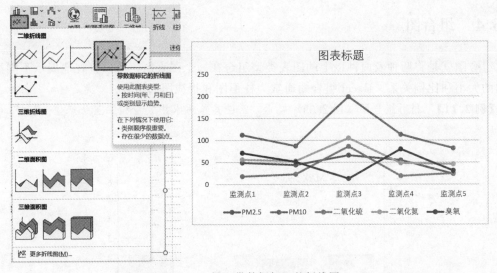

图 2.35　插入带数据标记的折线图

（5）点击选中"PM10"数据系列，右侧切换到"设置数据系列格式"对话框（图 2.37），点击"填充与线条"标签，设置线条宽度为 1 磅。再切换到"标记"，"标记选项"选择"内置"，在下拉列表中选择圆形标记，"大小"设为 6。用同样方法修改其他数据系列线条和标记。当修改"二氧化硫"数据系列时，修改线条颜色为黑色，选择圆形标记，在"填充"项选择"无填充"，"边框"选择"实线"，则变为空心标记。

图 2.36　修改坐标轴边界值

（6）点选图例，在右侧"设置图例格式"对话框"图例选项"中选择"图例位置"为"靠右"（图 2.38）。

（7）选中图表，设置字体和字号，设置外边框为无线条，得到最终修改结果。

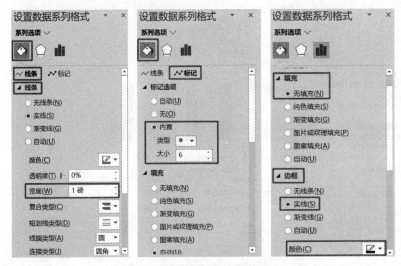

图 2.37　设置线条和标记样式

图 2.38　设置图例位置

2.5.4　组合图

组合图就是将两种及两种以上的图表类型组合在一个图表上，可以直观地展示不同类别数据的大小和比例关系。Excel 组合图通常为柱形图和折线图的组合。

【**例 2.11**】　利用组合图（图 2.39）展示"2_6 某市污水排放量和工业总产值.xlsx"中的数据。

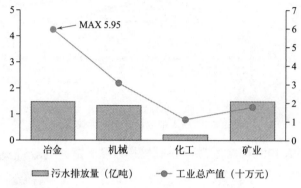

图 2.39　某市污水排放量和工业总产值组合图

作图方法：

（1）选择 A1:E3 单元格。

（2）点击"插入"选项卡，在"图表"组中点击"插入组合图"按钮，点击"簇状柱形图-次坐标轴上的折线图"（图 2.40）。也可以点击"图表"组右下角的"推荐的图表"按钮，在弹出的"更改图表类型"对话框中点选"所有图表"，在左侧选择"组合图"，在右侧选择"簇状柱形图-次坐标轴上的折线图"。

（3）删除图表标题和网格线。

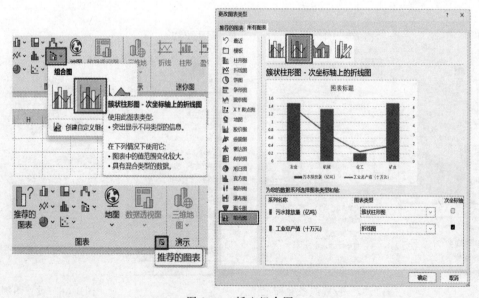

图 2.40　插入组合图

（4）设置横轴和纵轴线条颜色为黑色；设置纵轴和次要纵轴"主刻度线类型"为"外部"。点选纵轴，在"坐标轴选项"下设置"边界"的"最小值"为 0，"最大值"为 5，"单位"中"大"设为 1，即设置主刻度间隔为 1（图 2.41）。

（5）设置柱形间距为 50％，填充色为透明度为 30％的浅蓝色，柱形的边框线为黑色（图 2.42）。

（6）点选折线，在右侧"设置数据系列格式"下"线条"中，点击"颜色"右侧的下拉箭头，选择"其他颜色"，在弹出的"颜色"对话框"自定义"标签下输入 RGB 颜色为 255、153、102，或者在"十六进制"后输入"＃FF9966"（RGB 和十六进制均为颜色模式，

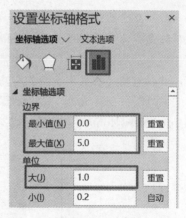

图 2.41　修改纵轴边界值和主刻度

详见本书 4.8.2 节"图形配色"），如图 2.43 所示。再切换到"标记"标签，"标记选项"选择"内置"，在下拉列表中选择圆形标记，"大小"设为 7，颜色改为与线条相同颜色。

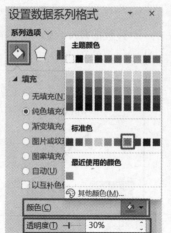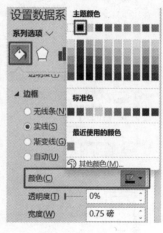

图 2.42　设置柱形间距和颜色

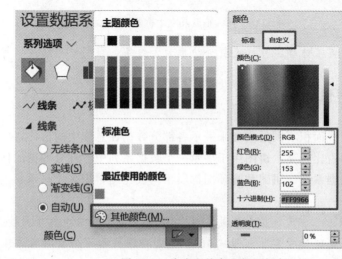

图 2.43　自定义线条和标记颜色

（7）点击折线以选中"工业总产值"数据系列，再点击折线上代表最大值的数据标记，将单独选择此数据标记（图2.44），在"标记"标签下修改填充颜色和边框颜色都为绿色。在"插入"选项卡"插图"组中点击"形状"中的箭头，在图中画一个箭头指向以上数据标记，并在右侧"设置形状格式"中设置箭头为红色，线条宽度为1磅。点击"插入"选项卡下"文本"按钮，选择"文本框"，在箭头旁边点击后输入"MAX 5.95"，设置字体为"Times New Roman"，大小为12，颜色为红色，加粗（图2.45）。

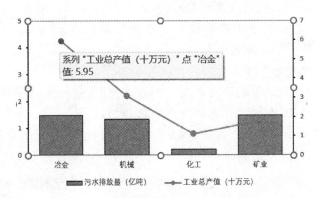

图2.44 修改数据系列中某一元素样式

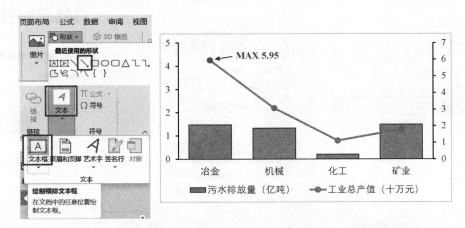

图2.45 插入形状和文本框对象

（8）选中图表，设置字体和字号，设置外边框为无线条，得到最终修改结果。

2.5.5 饼图和圆环图

饼图即将圆形分割成面积不同的扇形来表示各部分数据在总体中的占比，扇形面积越大则该项数据在总体中的占比越高。饼图用于展示一个数据系列中各部分数据的比例分布，而圆环图可以展示多个数据系列。饼图和圆环图都属于构成比图，用来反映事物内部各部分占总体的比例情况。

【**例2.12**】 某年东北三省废气排放量见文件"2_8 某年东北三省废气排放数据.xlsx"，请用饼图展示三个省二氧化硫排放情况（图2.46），用圆环图展示三个省所有污染物排放情况（图2.47）。

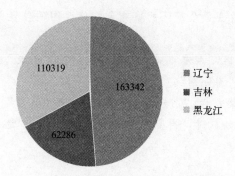

图 2.46　东北三省二氧化硫排放量（单位：t）

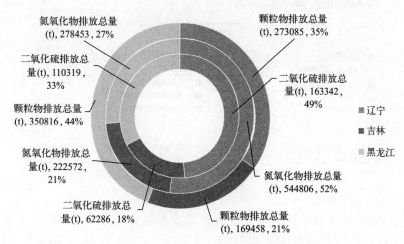

图 2.47　东北三省二氧化硫、氮氧化物和颗粒物排放量（单位：t）

作图方法：

（1）在"2_8 某年东北三省废气排放数据.xlsx"中选择 A1:B4 单元格。

（2）点击"插入"选项卡，在"图表"组中点击"插入饼图或圆环图"按钮，选择第一个"饼图"。

（3）点选生成的饼图，在右上角点击加号图标，勾选"数据标签"。

（4）点击图表区，修改边框线为无线条，在菜单栏"格式"选项卡中的"大小"组修改图表高为 8 厘米，宽为 10 厘米；或者用鼠标左键拖动图表周围的尺寸控点快速调节大小（图 2.48）。

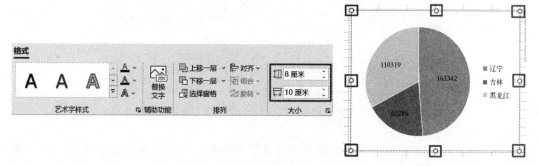

图 2.48　调节图表大小

（5）删除图表标题，改变每个扇区的填充色，修改图例位置为右侧，设置字体和字号，完成饼图。

（6）选择 A1:D4 单元格，点击"插入"选项卡，在"图表"组中点击"插入饼图或圆环图"按钮，选择下面的"圆环图"。

（7）点选图表，点击菜单栏"图表设计"选项卡中"数据"组的"切换行/列"按钮；或者在图表绘图区点击鼠标右键，再点击"选择数据"，在"选择数据源"对话框中点击"切换行/列"（图 2.49）。

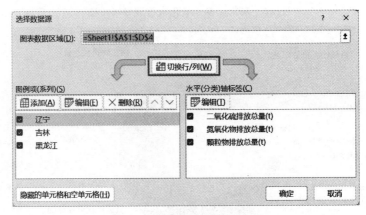

图 2.49　切换图表数据行/列

（8）点击任意数据系列，在右侧"设置数据系列格式"中设置"圆环图圆环大小"为 50%（图 2.50）。

（9）点选圆环图图表区，在右上角点击加号图标，取消勾选"图表标题"，勾选"数据标签"。点击任意数据系列的标签，在右侧"设置数据标签格式"中勾选"系列名称""值""百分比"和"显示引导线"（图 2.51）。向外拖动数据标签到适当位置。

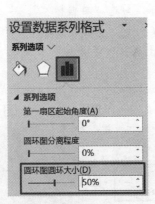

图 2.50　调节圆环大小　　　　图 2.51　设置数据标签格式

（10）改变每个扇区的填充色，修改图例位置为右侧，修改引导线颜色为黑色，设置字体和字号，完成圆环图。

2.5.6　散点图和气泡图

Excel 散点图是一种用来判断两个数据系列相互关系的图表，通过点的变化趋势，初步判断两者之间是否存在相关性以及相关性的强弱。

气泡图是散点图的扩展，采用气泡代替散点图中的点。气泡大小可以代表第三个数据系列，因此气泡图多用于展示具有三个维度的数据集。

【例 2.13】　在某污染源附近布置了 20 个采样点，测定土壤 pH、Cd 含量和与污染源的距离，结果见 "2_9 土壤 pH 与 Cd 含量数据.xlsx"，请作散点图探索土壤 pH 和 Cd 含量之间的关系 [图 2.52(a)]，作气泡图展示 pH、Cd 含量及采样点与污染源的距离 [图 2.52(b)]。

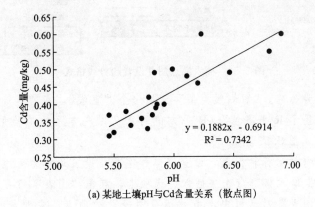

(a) 某地土壤 pH 与 Cd 含量关系（散点图）

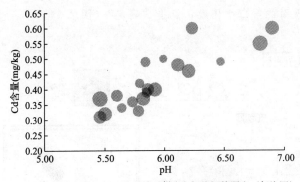

(b) 某地土壤 pH、Cd 含量及采样点与污染源的距离（气泡图）

图 2.52　散点图和气泡图

作图方法：

(1) 在文件 "2_9 土壤 pH 与 Cd 含量数据.xlsx" 中选择 A1:B21 单元格。

(2) 点击 "插入" 选项卡，在 "图表" 组中点击 "插入散点图（X、Y）或气泡图" 按钮，选择第一项 "散点图"（图 2.53）。

(3) 删除图表标题和网格线。

(4) 修改坐标轴线条为黑色实线，主刻度线类型为 "外部"。修改 X 轴边界为 5～7，Y 轴边界为 0.25～0.65。可以发现随着 pH 提高，土壤 Cd 含量相应增加。

(5) 点击图表区，在右上角点击加号图标，勾选 "趋势线"；或者在任意数据点上点击右键，选择 "添加趋势线"，默认添加线性趋势线。双击趋势线，在右侧 "设置趋势线格式"

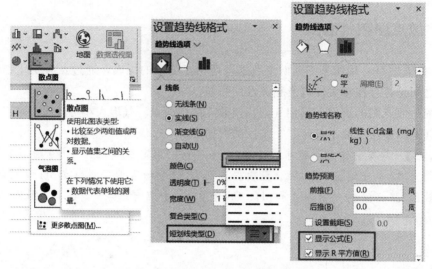

图 2.53　插入散点图并设置趋势线格式

对话框修改线条宽度为 1 磅，"短划线类型"为第一个"直线"，在"趋势线选项"最下面勾选"显示公式"和"显示 R 平方值"（R 平方值的意义以及方程的检验见 2.11.2 节"线性回归模型的检验"），如图 2.53 所示。

（6）选中图表，添加坐标轴标题，设置字体和字号，设置边框为无线条，得到散点图。

（7）选择 A1:C21 单元格。点击"插入"选项卡，点击"图表"组右下角的"推荐的图表"按钮，在"插入图表"对话框中点击"所有图表"选项卡，左侧选择"X Y 散点图"，右侧选择"气泡图"下面的第二个图表，点击"确定"（图 2.54）。

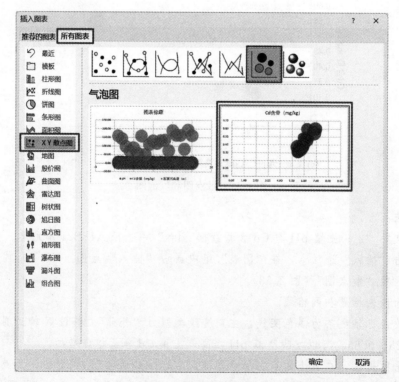

图 2.54　插入气泡图

（8）修改 X 轴边界为 5～7.5，Y 轴边界为 0.2～0.7。修改坐标轴线条为黑色实线，主刻度线类型为"外部"。

（9）点击任意气泡，在右侧"系列选项"中修改"缩放气泡大小为"为 30（图 2.55），以便更为清楚地显示气泡大小。修改填充色为绿色，透明度为 50%（气泡大小和颜色可以根据需要修改，以呈现最佳效果）。

（10）添加坐标轴标题，设置字体和字号，设置外边框为无线条，得到气泡图。

图 2.55　设置气泡大小

2.5.7　具有误差线的图表

误差反映数据的变异性和不确定性。对于科学研究，误差是非常重要的指标，可以说明数据的精密度和可靠性。误差线多出现在柱（条）形图和折线图中。

【**例 2.14**】 测定 10 个土壤样品的 pH 及误差数据见文件"2_10 土壤 pH 数据.xlsx"，请作柱形图展示数据（图 2.56）。

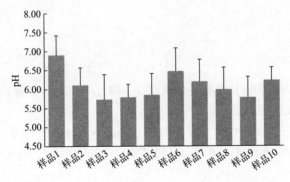

图 2.56　土壤 pH 及误差

作图方法：

（1）在文件"2_10 土壤 pH 数据.xlsx"中选择 A1:K2 单元格，插入簇状柱形图。

（2）删除图表标题和网格线。

（3）点击图右上角添加图表元素图标，勾选"误差线"。双击任意误差线，在右侧"设置误差线格式"下"误差线选项"中设置"方向"为"正偏差"，在"误差量"中选择"自定义"，再点击"指定值"按钮，在"正错误值"（实际应为"正误差值"）中选择 B3:K3 后点击"确定"（图 2.57）。

（4）如果横轴标签较长或字体较大，Excel 将自动调节其倾斜角度。如果对此角度不满意，可以点选横轴标签，在右侧"大小与属性"选项卡下面修改"自定义角度"。"自定义角度"可以输入 −90°～90° 之间的角度，负值表示逆时针旋转，正值表示顺时针旋转（图 2.58）。

（5）修改坐标轴线条和刻度样式，将纵轴边界改为 4.5～8；添加纵轴坐标轴标题；设置柱形填充色和间隙宽度；设置字体和字号，设置外边框为无线条，得到最终结果。

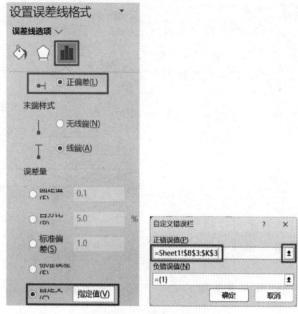

图 2.57   自定义误差线   图 2.58   自定义坐标轴标签角度

2.5.8   雷达图

雷达图是一种在二维平面上展示多个维度（一般三个以上）数据的图表，常用来说明一个事物的多方面指标或属性。

【例 2.15】   甲、乙、丙三个工厂排放的污水中五种重金属的含量见文件"2_11 污水重金属含量.xlsx"，请作雷达图展示数据（图 2.59）。

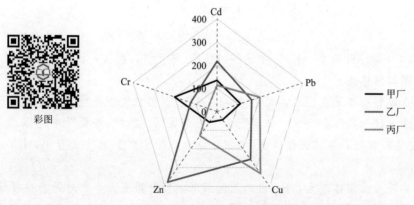

图 2.59   工厂排放污水中五种重金属的含量

作图方法：

（1）在文件"2_11 污水重金属含量.xlsx"中选择 A1:F4 单元格，在"插入"选项卡"图表"组中点击"推荐的图表"按钮，选择"雷达图"中的第一个图表（图 2.60）。

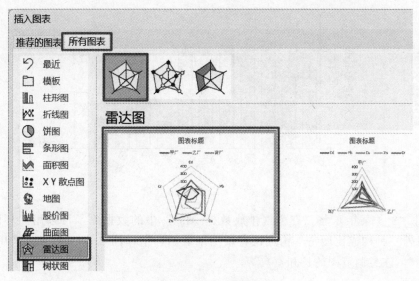

图 2.60　插入雷达图

（2）点击坐标轴标签，在"坐标轴选项"中修改刻度间隔为 100；在"填充与线条"中修改线条为黑色实线，"短划线类型"为第三项"短划线"（图 2.61）。

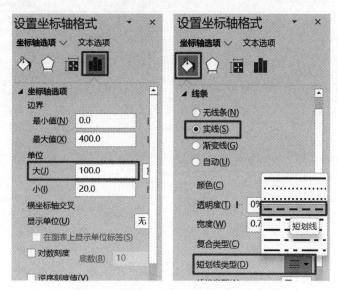

图 2.61　设置坐标轴刻度和线条样式

（3）删除图表标题，在图表右侧显示图例，设置字体和字号，设置外边框为无线条，得到最终结果。

练习一

1. 测定十二个大米样品中 Cd 含量，数据见文件"2_12 大米中 Cd 含量.xlsx"。已知我国对大米 Cd 含量的国家标准为不超过 0.2mg/kg，请作图 2.62 展示数据。

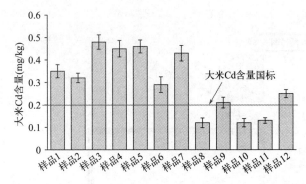

图 2.62 大米样品 Cd 含量

2. 文件"2_8 某年东北三省废气排放数据.xlsx"中的数据除了可以用圆环图展示外，还可以用另外一种构成比图——构成比直条图来展示，请作图 2.63（提示：采用"百分比堆积条形图"，注意调节图的长和宽）。

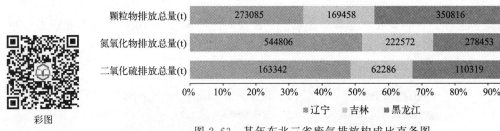

图 2.63 某年东北三省废气排放构成比直条图

3. 测定土壤样品的 pH 和三种重金属含量（单位：mg/kg），结果见"2_13 土壤 pH 与重金属含量.xlsx"，请作散点图探索 pH 与三种重金属含量的关系（图 2.64）。

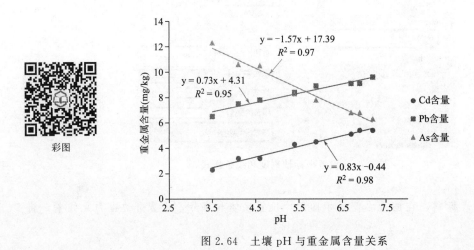

图 2.64 土壤 pH 与重金属含量关系

4. 用文件"2_11 污水重金属含量.xlsx"数据作雷达图（图 2.65）（提示：插入"填充雷达图"。填充颜色可以在界面右侧"填充与线条"→"标记"→"填充"下设置为纯色，透明度为 50%；也可以在菜单栏的"格式"选项卡→"颜色样式"组中的"形状填充"进行修改）。

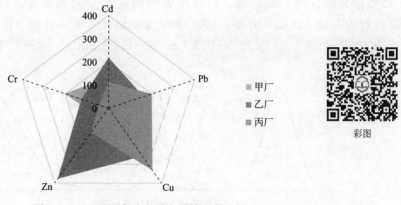

图 2.65　工厂污水重金属含量填充雷达图

2.6　Excel 数据特征的描述

2.6.1　数据集中趋势

集中趋势也称中心趋势，是指一组数据向某一中心值靠拢的程度，它反映了一组数据中心点的位置所在。中心值即这组数据的代表值，数据趋向靠拢或聚集于此值。

2.6.1.1　平均数

平均数用来反映在一定时间和空间条件下，数据集里各个数值的一般水平。

（1）算术平均数：算术平均数简称均值，是数据集中趋势的最主要度量值，也是最常用的一种平均数。如果一个数据集由 $x_1, x_2 \cdots, x_n$ 组成，则均值 $\bar{x}$ 计算公式为：

$$\bar{x} = \frac{x_1 + x_2 + \cdots + x_n}{n} = \frac{\sum\limits_{i=1}^{n} x_i}{n}$$

在 Excel 中用 AVERAGE(number1,[number2],…) 函数计算均值。

均值适用于描述对称分布数据的集中趋势，尤其是对于正态分布或者近似正态分布的数据集，此时均值位于数据分布的中央或中央附近。无论在理论研究还是实践应用中，正态分布都是非常重要的数据分布类型，其外观为峰形曲线（图 2.66），即接近最大值和最小值的数据较少（概率较低）而接近均值的数据较多（概率较高）。自然界中的许多数据，如人的身高、树木的胸径、污染物在环境介质中的分布等都符合或近似符合正态分布。其他常见的数据分布类型，如 χ^2 分布和 t 分布，在样本量足够大时会接近正态分布。数据分布的峰形相对于正态分布可能有高有低，可能是对称的，也可能是不对称的（偏态分布），这些分布特征可以用峰度（K）和偏度（SK）来衡量。峰度和偏度不是直接描述数据集中趋势或离散趋势的特征，主要用于描述数据分布形态。

峰度用来衡量数据分布形态的尖峭或扁平程度：当 $K = 3$ 时，数据为正态分布；$K > 3$ 时为尖峰分布；$K < 3$ 时为扁平分布。许多数据分析软件（包括 Excel）将 K 计算结果减去

3，以 0 作为峰度的判断标准。偏度代表峰的偏斜方向和程度：SK＝0 时为对称分布；SK＞0 时为右偏（正偏）分布；SK＜0 时为左偏（负偏）分布（图 2.66）。Excel 中计算峰度和偏度的函数分别为 KURT（number1，[number2]，…）和 SKEW（number1，[number2]，…）。

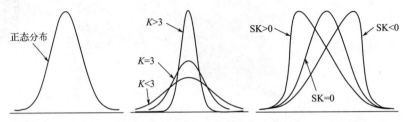

图 2.66　正态分布与偏态分布

（2）调和平均数：调和平均数是平均数的另一种表现形式，一般用符号 $\overline{H}$ 表示。调和平均数可以作为均值的变形使用，如果一个数据集由 x_1，x_2，…，x_n 组成，则调和平均数 $\overline{H}$ 计算公式为：

$$\overline{H} = \frac{1}{\frac{1}{n}\left(\frac{1}{x_1} + \frac{1}{x_2} + \cdots + \frac{1}{x_n}\right)} = \frac{n}{\sum\limits_{i=1}^{n}\frac{1}{x_i}}$$

在 Excel 中用 HARMEAN(number1，[number2]，…) 函数计算调和平均数。

（3）几何平均数：几何平均数也叫倍数均数，是 n 个数值连乘积的 n 次方根，常以符号 G 表示。如果一个数据集由 x_1，x_2，…，x_n 组成，几何平均数计算公式为：

$$G = \sqrt[n]{x_1 x_2 x_3 \cdots x_n} = \left(\prod_{i=1}^{n} x_i\right)^{\frac{1}{n}}$$

当观察值相差较大或者成倍数关系时，无论计算均值还是调和平均数都会受少数特大或特小值影响，此时采用几何平均数来表示数据的集中趋势更为合适。如测定某地水样中 Cu 的含量（单位：mg/L）为 1、2、5、10、12、20、22、41、83、160、326、684，计算得到的均值和几何平均数分别为 113.8mg/L 和 25.2mg/L。

在 Excel 中用 GEOMEAN(number1，[number2]，…) 函数计算几何平均数。

2.6.1.2　众数

众数是数据集中重复出现次数最多的值。在数据初步处理过程中，如果只需知道最常见的值，可以采用众数。当收集的数据中有缺失值时，也可用众数反映数据的集中趋势。Excel 中用 MODE. SNGL(number1，[number2]，…) 函数计算众数。

2.6.1.3　中位数和百分位数

（1）百分位数：百分位数是将一组数据从小到大排序后，数据系列上的一种位置指标，以符号 P_x 表示。P_x 将数据集分为两部分，理论上有 $x\%$ 的观察值比 P_x 小，$(100-x)\%$ 的观察值比 P_x 大。即百分位数是将数据进行分割的界值。

Excel 中计算百分位数的函数为 PERCENTILE. EXC(array，K) 和 PERCENTILE. INC (array，K)，array 为需要进行计算的数据，K 在两个函数中取值范围分别为 $(0,1)$ 和 $[0,1]$。

（2）中位数和四分位数：数据排序后，正中央的数值就是中位数（P_{50}），小于和大于中位数的数据各占 50%。除了中位数，P_{25} 和 P_{75} 也很重要，P_{25}、P_{50} 和 P_{75} 将数据分为四等份，称为四分位数，这三个值也分别称为下四分位数（Q_1）、中位数（Q_2）和上四分位数（Q_3）。

Excel 中计算四分位数的函数为 QUARTILE. EXC（array，quart）和 QUARTILE. INC（array，quart），其中 array 是需要计算的单元格区域，quart 在两个函数中取值分别为 1～3 三个整数值和 0～4 五个整数值。两者计算结果可能不同。中位数还可以用 MEDIAN（number1，[number2]，⋯）函数计算。

（3）百分位数的应用：百分位数对数据分布类型没有严格要求，常用于描述偏态分布数据的集中趋势。百分位数计算只依赖于特定位置附近的数据，一般不受极值的影响，即使两端的数据有缺失值，或者不确定，也不影响计算，所以百分位数具有较好的稳定性。但是需要注意：如果百分位数很接近极值，且极值特大或特小，可能会使靠近两端的百分位数不稳定。

四分位数经常一起使用，可以更全面地描述数据的分布特征。而均值、众数、中位数结合可以反映正态分布情况。如果数据为正态分布，三者相等。如果数据呈偏态分布，均值、众数、中位数的关系会发生变化，从而反映出数据的非对称性。在负偏态（左偏态）分布的数据中，均值＜中位数＜众数；在正偏态（右偏态）分布的数据中，均值＞中位数＞众数。根据三者大小可以判断数据分布对称与非对称的程度（图 2.67）。

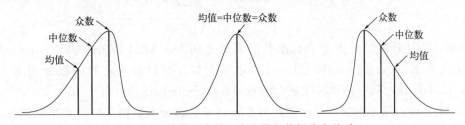

图 2.67　均值、众数、中位数与数据分布关系

2.6.2　数据离散趋势

离散趋势是指数据远离其中心值的程度，也称离中趋势。离散趋势与集中趋势结合起来，才能全面地反映数据的分布特征。

2.6.2.1　异众比率

异众比率是数据中非众数组的频数（出现的次数）占总频数的比率，主要用于衡量众数对数据集的代表程度，常用 V_r 表示。异众比率越大，众数的代表性越差。如一批水样中污染程度为 1～6 级的样品数量（个）分别为 35、12、16、17、12、8，总频数为 100，则可得：

$$V_r = \frac{100-35}{100} \times 100\% = 65\%$$

异众比率不仅可以用于分析数值型数据，也可以用于分析类别型的数据。

2.6.2.2　极差和四分位数间距

极差是数据集中最大值与最小值之差，又称为全距，以符号 R 表示。极差越大，说明数据的离散程度越大。但是极差只利用了数据的最大值和最小值，很容易受到两个值的影响，可能不能反映中间数据的离散程度。Excel 中用 MAX(number1,[number2],…) 和 MIN(number1,[number2],…) 函数计算最大值和最小值。

四分位数间距（IQR），也称为四分位距或四分位差，是上四分位数与下四分位数之差，即 $Q_3 - Q_1$。它反映了中间一半数据的离散程度：值越大，说明中间数据越分散，反之则越集中。由于 Q_1 和 Q_3 不受极端值的影响，因此 IQR 比极差更为稳定。

2.6.2.3 方差和标准差

方差是实际值与期望值（均值）之差平方的均值。标准差为方差的算术平方根。总体 $(X_1, X_2, \cdots, X_N)$ 和样本 $(x_1, x_2, \cdots, x_n)$ 的方差及标准差计算方法不同。

总体方差（σ^2）和标准差（σ）计算公式为：

$$\sigma^2 = \frac{\sum_{i=1}^{N}(X_i - \overline{X})^2}{N}, \quad \sigma = \sqrt{\frac{\sum_{i=1}^{N}(X_i - \overline{X})^2}{N}}$$

样本方差（S^2）和标准差（S）计算公式为：

$$S^2 = \frac{\sum_{i=1}^{n}(x_i - \overline{x})^2}{n-1}, \quad S = \sqrt{\frac{\sum_{i=1}^{n}(x_i - \overline{x})^2}{n-1}}$$

Excel 中用于计算总体方差和标准差的函数分别为 VAR.P(number1,[number2],…) 和 STDEV.P(number1,[number2],…)，计算样本方差标准差的函数分别为 VAR.S(number1,[number2],…) 和 STDEV.S(number1,[number2],…)。

S 和 IQR 可以用于判断数据中的离群值：对于正态分布数据，可以采用三倍标准差法（拉依达准则），即采用数据的均值（M）和标准差（S）计算得到上限 $M+3S$ 和下限 $M-3S$，不在这个范围内的数据被视为异常值；如果数据分布类型不清楚，或者不是正态分布，则小于 $Q_1 - 1.5\text{IQR}$ 和大于 $Q_3 + 1.5\text{IQR}$ 的数据通常可以判定为离群值。

2.6.2.4 变异系数

变异系数也称为离散系数，是一组数据的标准差与均值之比。变异系数为量纲一的量，可以用于比较水平和单位不同的两组数据的离散程度。变异系数越大，表明数据的离散程度越大。

【例 2.16】 某地空气 $PM_{2.5}$ 抽样数据见文件"2_14 空气 PM2.5 监测数据.xlsx"，请进行以下分析：

(1) 求数据均值、众数和四分位数；
(2) 求数据极差、IQR 和标准差；
(3) 判断数据是否存在离群值。

解题方法：

对于问题（1）和（2）采用相应函数计算（图 2.68），数据均值约为 64.27，众数为 17，四分位数分别为 33.25、64.5 和 88.75。数据极差、IQR 和标准差分别为 190、55.5 和 36.42。

	C	D	E	F				
1								
2	均值	=+AVERAGE(A2:A117)	最小值	=MIN(A2:A117)	均值	64.26724	最小值	7
3	众数	=MODE.SNGL(A2:A117)	最大值	=MAX(A2:A117)	众数	17	最大值	197
4	Q1	=QUARTILE.EXC(A2:A117,1)	极差	=F3-F2	Q1	33.25	极差	190
5	Q2	=QUARTILE.EXC(A2:A117,2)	IQR	=D6-D4	Q2	64.5	IQR	55.5
6	Q3	=QUARTILE.EXC(A2:A117,3)	标准差	=STDEV.S(A2:A117)	Q3	88.75	标准差	36.41962
7								
8	Q3+1.5IQR	=D6+1.5*F5			Q3+1.5IQR	172		
9	Q1-1.5IQR	=D4-1.5*F5			Q1-1.5IQR	-50		

图 2.68　计算数据的集中和离散趋势特征

数据的特征也可以使用 Excel "数据分析" 工具进行快速计算。Excel 分析工具库提供了常用的统计分析方法，其功能将在本节和后续章节中逐步介绍。要使用 "数据分析" 工具，选择 "文件"→"选项"→"加载项"，在 "管理" 框中选择 "Excel 加载项"，再点击 "转到"，在 "加载项" 对话框中勾选 "分析工具库" 后点击 "确定"（图 2.69）。此时在 "数据" 选项卡 "分析" 组中出现 "数据分析" 命令。点击 "数据分析"，选择 "描述统计" 后点击 "确定"。在 "描述统计" 对话框中选择 A1:A117 数据作为 "输入区域"；由于数据为一列，所以选择 "分组方式" 为 "逐列"；输入区域中 A1 是变量名，要勾选 "标志位于第一行"；选择本工作表的 C2 作为 "输出区域"；勾选 "汇总统计" 后点击 "确定"（图 2.70）。输出的结果中包含了许多统计量，其中 "区域" 即极差，但是 Q_1 和 Q_3 不在其中。

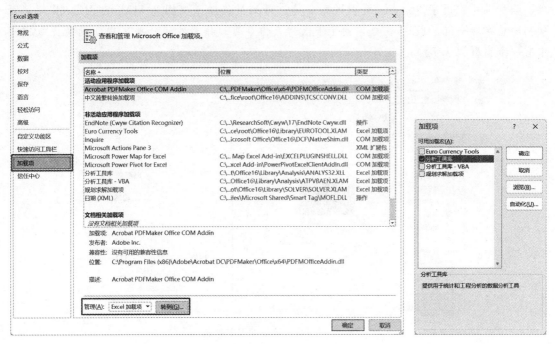

图 2.69　加载分析工具库

对于问题（3），由于目前并不清楚数据分布类型，可以采用箱线图法判断离群值。

箱线图，也称为箱图、箱形图等，使用了数据的 5 个统计量：最小值，四分位数 Q_1、Q_2、Q_3 和最大值。其中 Q_1 和 Q_3 构成 "箱体"，"箱体" 中间的横线表示 Q_2。在 $[Q_1 - 1.5IQR，Q_3 + 1.5IQR]$ 范围以外的数据为离群值，默认用空心圆点表示。Excel 将去掉离群值之后的最大值和最小值作为箱线图的上、下边缘（图 2.71）。

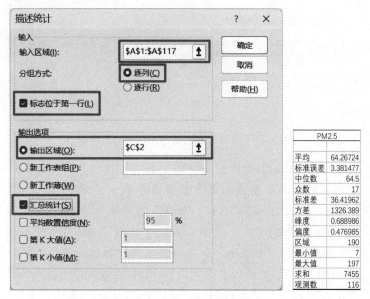

图 2.70　利用"数据分析"工具进行描述统计分析

　　选中所有数据，选择"插入"→"推荐的图表"→"所有图表"→"箱形图"，点击"确定"插入箱线图。双击箱体，在右侧"系列选项"中修改"间隙宽度"为 300%；修改箱体填充色、坐标轴样式、字体大小、图表区宽度等，得到最终结果（图 2.71）。由图 2.68 计算可知离群值在 [−50, 172] 之外，由于下限为负值，可以用最小值代替，由此判断此数据集中有一个离群值 197。

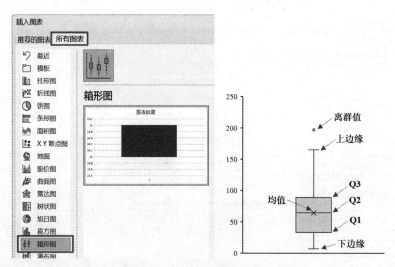

图 2.71　插入箱线图及其结构

2.6.3　频数分布

　　频数分布是把数据按照一定规则分组，将数据集的各值（性质或数量）按组归并排列，形成各值在各组间的分布，亦称频数分布数列或分配数列。

　　频数分布分析步骤如下：

2.6.3.1　确定分组方式

（1）数据为事物的性质或特征（如省份、污染等级等）时，可以将单个值作为一组。

（2）数据为数值，且变动范围很小或数量较少时，也可以采用单个数值分组，此时分组得到的频数分布数列称为单项变量分布数列或简称单项数列；如果数值的变动范围大，则需要采用组距分组才能反映数据的分布特征，即将数据集划分为若干区间。

2.6.3.2　确定组数

（1）如果用单个值作为一组，则组数等于单个值的数量。

（2）如果采用组距分组，需要先计算极差，根据极差确定组数。组数以 8～15 组为宜，过少或过多都可能使数据分布特征不明显。每个组由下限和上限构成一个区间，下限与上限之差为组距。如果各组组距相等，称为等距分组，反之则为异距分组。对于离散型变量，相邻组的组限相连但不重叠，称为异限分组；对于连续型变量，相邻组的组限必然重叠，即一组的上限等于相邻下一组的下限，称为同限分组。

进行频数分布分析时通常采用等距分组，但有时也可以根据数据特征采用异距分组。如土壤中某污染物含量调查结果中，大部分数据都在 5～10mg/kg，且低含量和高含量的样品较少，可以分组为：<5，5～6，6～7，7～8，8～9，9～10，>10。以上分组中，第一组和最后一组下限或上限不确定，称为开口组；其他组都有明确的上下限，称为闭口组。

2.6.3.3　编制频数分布表

以表格形式统计各组内值的个数，即各组频数；或者计算各组频率；必要时还可计算累计频数和累计频率，累计频数应该等于样本量，累计频率应为 100%。对于同限分组，在清点每一组的数值个数时可以遵循"上限不在内"原则，即某一组的上限不计入到本组中，而是划入到相邻的下一组中。

2.6.3.4　绘制频数分布图

频数分布图是根据频数分布表中的数据绘制的图形，以分组为横坐标，频数或频率为纵坐标。最常用的频数分布图为直方图，用柱形的高度表示频数或频率值。连续型变量的直方图中，柱之间没有间隙。

【例 2.17】　某地噪声监测结果见表 2.1，请对噪声监测结果进行频数分布分析。

表 2.1　噪声监测数据　　　　　　　　　　　　单位：dB

64	73	67	71	67	71	68	70	68	70
59	63	68	70	66	73	71	87	76	74
58	84	63	76	66	74	68	73	70	71
58	82	75	63	74	66	73	69	68	71
80	57	62	75	66	74	68	72	69	71
81	75	74	72	71	69	67	65	62	56
79	73	75	70	72	67	69	62	65	56
55	61	64	67	69	72	70	75	73	79
78	54	74	60	73	64	72	67	70	68
52	78	51	77	60	74	59	74	64	73

解题方法：

方法一：

（1）将表 2.1 数据整理到 Excel 的 A 列中，见文件"2_15 噪声.xlsx"。

（2）将数据按升序排序，两端的数据为最小值 51 和最大值 87，极差为 36。由此确定将数据分为 9 组，组距为 4。在 C2 中输入 51 作为分组起始，在 C2:E10 计算每一组的上下限（图 2.72）。E 列中"&"是连接符号，可以连接多个单元格内容成一个字符串，也可以连接指定字符串和单元格内容。接下来用 COUNT(value1,[value2],…) 函数计算每一组的频数，此函数用于统计数值型数据的个数，在选择函数的数据范围时注意上限不在内。各组频数统计完成后计算频率，数据类型为"百分数"，小数位为 0。最后用求和函数 SUM(number1,[number2],…) 计算频数和是否等于样本量，以及累计频率是否为 100%。

下限	上限	分组	频数	频率
51	55	51-55	3	3%
55	59	55-59	6	6%
59	63	59-63	8	8%
63	67	63-67	13	13%
67	71	67-71	25	25%
71	75	71-75	28	28%
75	79	75-79	10	10%
79	83	79-83	5	5%
83	87	83-87	2	2%
		合计	100	100%

下限	上限	分组	频数	频率
51	=C2+4	=C2&"-"&D2	=COUNT(A2:A4)	=F2/$F$11
=C2+4	=C3+4	=C3&"-"&D3	=COUNT(A6:A11)	=F3/$F$11
=C3+4	=C4+4	=C4&"-"&D4	=COUNT(A11:A18)	=F4/$F$11
=C4+4	=C5+4	=C5&"-"&D5	=COUNT(A19:A31)	=F5/$F$11
=C5+4	=C6+4	=C6&"-"&D6	=COUNT(A32:A56)	=F6/$F$11
=C6+4	=C7+4	=C7&"-"&D7	=COUNT(A57:A84)	=F7/$F$11
=C7+4	=C8+4	=C8&"-"&D8	=COUNT(A85:A94)	=F8/$F$11
=C8+4	=C9+4	=C9&"-"&D9	=COUNT(A95:A99)	=F9/$F$11
=C9+4	=C10+4	=C10&"-"&D10	=COUNT(A100:A101)	=F10/$F$11
		合计	=SUM(F2:F10)	=SUM(G2:G10)

图 2.72　数据分组和编制频数分布表

（3）选择 E2:F10，插入簇状柱形图，添加数据标签和坐标轴标题，设置数据系列间隙为 0，修改坐标轴样式、字体等，得到直方图（图 2.73）。

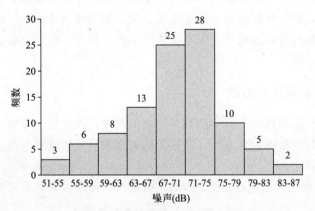

图 2.73　噪声数据频数分布直方图

方法二：

方法一完全模拟手算过程，比较烦琐，下面利用"数据分析"工具中的"直方图"功能进行分析。

（1）在文件"2_15 噪声.xlsx"中，由"MAX(A2:A101)-MIN(A2:A101)"求出极差为 36，确定分为 9 组，组距为 4。

（2）"直方图"需要指定"接收区域"作为数据分组依据，在 C2:C11 中计算每个组的组限，考虑"上限不在内"原则，将分组上限缩小一点（D3:D10）作为"接收区域"，"直方图"将自动将 55 以下和 83 以上的数据各分为一组（图 2.74）。

（3）选择"数据分析"工具中的"直方图"，在"直方图"对话框中选择 A2:A101 为"输入区域"，D3:D10 为"接收区域"，选择本工作表的 F1 作为输出区域，勾选"图表输出"后点击"确定"，输出每个组的频数和直方图（图 2.75）。

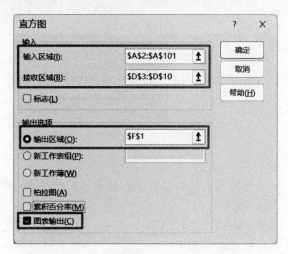

C	D	C	D
	分组		分组
51		51	
55	54.9	=C2+4	=C3−0.1
59	58.9	=C3+4	=C4−0.1
63	62.9	=C4+4	=C5−0.1
67	66.9	=C5+4	=C6−0.1
71	70.9	=C6+4	=C7−0.1
75	74.9	=C7+4	=C8−0.1
79	78.9	=C8+4	=C9−0.1
83	82.9	=C9+4	=C10−0.1
87		=C10+4	

图 2.74　确定"直方图"　　　　图 2.75　利用"数据分析"工具中的"直方图"
　　　的"接收区域"　　　　　　　　　进行频数分布分析

方法三：

"数据透视表"是功能强大的交互式表格，能够将各变量以灵活的行列组合方式进行展示，并可以进行数据排序、筛选、分组、集中趋势和离散趋势统计量计算等。利用"数据透视表"也可以进行频数分布分析。

（1）在文件"2_15 噪声.xlsx"中选择 A1:A101，选择"插入"选项卡下的"数据透视表"，选择在新工作表中显示透视表。在"数据透视表字段"中的变量列表中用鼠标拖动"噪声"变量到"行"和"值"框中，"值"中默认对数据进行求和，点击"求和项:噪声"右侧的下拉箭头，选择"值字段设置"，在弹出的对话框中"计算类型"选择"计数"，之后点击"确定"（图 2.76）。生成的数据透视表展示每一个噪声值出现的频数。

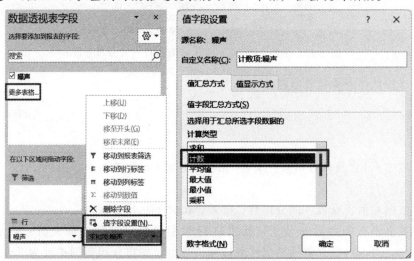

图 2.76　利用数据透视表计数

（2）选择数据透视表中“行标签”列，在菜单栏的“数据透视表分析”选项卡→“组合”组中点击“分组选择”，在“组合”对话框“步长”框中输入 4 后点击“确定”（图 2.77）。

行标签	计数项:噪声
51-54	3
55-58	6
59-62	8
63-66	13
67-70	25
71-74	28
75-78	10
79-82	5
83-87	2
总计	100

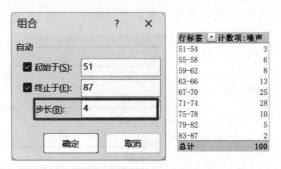

图 2.77　在数据透视表中设置分组及结果

（3）根据以上频数分析结果整理频数分布表，绘制频数分布图。

方法四：

采用 FREQUENCY(data_array,bins_array) 函数，此函数计算指定值出现的频率，并以数组返回结果。其中，data_array 是需要计算频率的数据区域；bins_array 为分组的间隔点。Excel 数组公式可以实现高效批量运算，需要先选中进行运算的目标区域，输入公式后，按“Ctrl＋Shift＋Enter”执行数组运算。

（1）根据极差确定分组。

（2）在文件“2_15 噪声.xlsx”C2:C10 中输入分组依据。选择 D2:D10 单元格，直接输入“＝FREQUENCY(A2:A101,C2:C10)”，或者按“F2”键定位到第一个单元格后开始输入，输入公式后按快捷键 Ctrl＋Shift＋Enter 完成计算（图 2.78）。

C	D
分组	
54.9	3
58.9	6
62.9	8
66.9	13
70.9	25
74.9	28
78.9	10
82.9	5
87	2

C	D
分组	
54.9	=FREQUENCY(A2:A101,C2:C10)
58.9	=FREQUENCY(A2:A101,C2:C10)
62.9	=FREQUENCY(A2:A101,C2:C10)
66.9	=FREQUENCY(A2:A101,C2:C10)
70.9	=FREQUENCY(A2:A101,C2:C10)
74.9	=FREQUENCY(A2:A101,C2:C10)
78.9	=FREQUENCY(A2:A101,C2:C10)
82.9	=FREQUENCY(A2:A101,C2:C10)
87	=FREQUENCY(A2:A101,C2:C10)

图 2.78　采用 FREQUENCY 函数进行频数分布分析

（3）整理频数分布表，绘制频数分布图。

练习二

某地土壤中 Cd 含量调查结果见文件“2_16 土壤 Cd 含量调查数据.xlsx”，请进行以下分析：

（1）求数据均值、众数、四分位数、极差、IQR 和标准差。

（2）对数据进行频数分布分析，要求进行等距分组（提示：最大值、最小值分别为 12.94 和 2.49，可以将数据范围适当扩展以便于分组，如将分组范围扩展为 2～13，按照组距为 1 进行分组）。

（3）判断数据是否存在离群值。

2.7　Excel 参数估计

参数估计是统计推断方法之一，是基于观测数据（样本）来估计总体分布中未知参数的过程。参数估计在数据分析中具有重要意义，无论是传统的统计分析，还是新兴的机器学习和数据挖掘方法，经常需要构建模型来预测事物的发展趋势，建模所需参数可以通过参数估计获得。参数估计分为点估计和区间估计两种类型。

2.7.1　点估计

2.7.1.1　点估计的概念

点估计是用样本统计量估计总体参数，得到的是一个具体的数值。

2.7.1.2　点估计的方法

常见的点估计方法包括矩估计法和最大似然估计法。这两种方法比较复杂，当样本量足够大时，样本统计量会趋近于总体参数，此时可以用样本统计量直接作为总体参数的估计，如用样本均值作为总体均值的估计，或用两个样本均值之差作为总体均值之差的估计。

2.7.1.3　点估计的局限性

以一个数值作为总体参数的估计，没有估计值与实际总体参数值之间差异的信息。虽然在重复抽样条件下，样本统计量趋近于总体真值，但由随机抽出的一个具体样本得到的估计值很可能不同于总体真值。如果样本中存在极端值，则可能显著影响点估计的结果，导致估计值偏离总体参数的真实值。

2.7.2　区间估计

2.7.2.1　区间估计的概念

区间估计是在点估计的基础上，估计出总体参数所在的区间范围，该区间通常由样本统计量加/减样本的边际误差得到。区间范围是基于样本数据计算得出的。不同于点估计，根据样本统计量的抽样分布，可以构造一个区间，使得该区间以特定概率覆盖总体参数。

2.7.2.2　置信区间

置信区间是由样本统计量构造的总体参数的估计区间。对于一个总体，可以抽取很多样本，用一个样本所构造的特定区间可能是大量包含总体参数真值的区间中的一个，也可能是个别不包含参数真值区间中的一个。如图 2.79 所示，在构造的 20 个置信区间中，有一个不包括总体均值 μ。

2.7.2.3　置信水平

重复多次构造置信区间，包含总体参数真值的区间数所占的比例称为置信水平。

置信水平用 $1-\alpha$ 表示，其中 α 为总体参数未在区间内的比例。如对于总体均值 μ，其置信水平见图 2.80。常用的置信水平有 99%、95% 和 90%，相应的 α 为 0.01、0.05 和 0.1。在数据分析中多采用 95% 置信区间，如图 2.79 中，在构造的 20 个置信区间中，包含总体均值的比例为 95%。

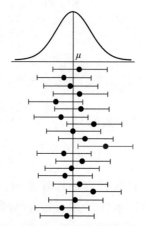

图 2.79　总体均值 μ 的 95% 置信区间

图 2.80　总体均值 μ 的置信区间与置信水平

2.7.3　总体均值的区间估计

（1）当数据总体服从正态分布，且总体方差 σ^2 已知，或总体非正态分布，但样本为大样本时，可以用正态分布统计量 Z 来进行区间估计。

$$Z = \frac{\overline{x} - \mu}{\sigma/\sqrt{n}} \sim N(0,1)$$

式中　$\overline{x}$——样本均值；

　　　μ——总体均值；

　　　σ——总体标准差；

　　　n——样本量；

$N(0,1)$——标准正态分布，即均值为 0、标准差为 1 的正态分布。

当 σ^2 已知时，总体均值 μ 在 $1-\alpha$ 置信水平下的置信区间为 $\overline{x} \pm Z_{\alpha/2}\dfrac{\sigma}{\sqrt{n}}$；而当 σ^2 未知时，用大样本的标准差 S 来代替总体标准差 σ，置信区间为 $\overline{x} \pm Z_{\alpha/2}\dfrac{S}{\sqrt{n}}$。其中，$Z_{\alpha/2}$ 是标准正态分布上两侧面积各为 $\alpha/2$ 时的值，决定了置信区间的宽度（边际误差）。

（2）当总体为正态分布，总体方差 σ^2 未知，且样本为小样本（$n<30$）时，用 t 统计量

来进行区间估计。

$$t = \frac{\bar{x} - \mu}{S / \sqrt{n}} \sim t(n-1)$$

式中　$\bar{x}$——样本均值；

　　　μ——总体均值；

　　　S——样本标准差；

　　　n——样本量；

$t(n-1)$——自由度为 $n-1$ 的 t 分布。

　　总体均值 μ 在 $1-\alpha$ 置信水平下的置信区间为 $\bar{x} \pm t_{\alpha/2} \dfrac{S}{\sqrt{n}}$。$t$ 分布与正态分布类似，也是一种对称分布，但峰形通常比正态分布平坦和分散。自由度（df）是描述 t 分布形状的重要参数，通过样本容量 n 减去 1 来得到。df 决定了 t 分布的曲线形态：df 越小，t 分布曲线越平坦；随着 df 的增加，t 分布曲线逐渐接近正态分布曲线，当自由度趋于无穷大时，t 分布曲线变为标准正态分布曲线。

　　【例 2.18】　某地土壤中 Zn 含量抽样调查结果见文件 "2_17 土壤 Zn 含量抽样数据.xlsx"，请回答以下问题：

　　（1）请估计此地土壤 Zn 含量总体均值的 95％ 置信区间；

　　（2）如果此地土壤中 Zn 含量分布服从正态分布，且总体标准差为 60mg/kg，请估计此地土壤 Zn 含量总体均值的 95％ 置信区间。

　　解题方法：

　　问题（1）中，数据分布情况不明，但是样本量为 49，可以作为大样本估计总体均值，μ 的置信区间为 $\bar{x} \pm Z_{\alpha/2} \dfrac{S}{\sqrt{n}}$。$Z_{\alpha/2}$ 可用 NORM.S.INV（probability）函数计算，此函数返回标准正态分布函数的反函数值，其中 probability 对应于正态分布的概率。本例中 $1-\alpha = 95\%$，$\alpha = 0.05$，$Z_{\alpha/2} = $ NORM.S.INV($1 - 0.05/2$)。采用 STDEV.S（number1，[number2]，…）计算样本标准差，$S = $ STDEV.S（A2：G8）。$\sqrt{n} = $ SQRT（COUNT（A2：G8），函数 SQRT（number1，[number2]，…）用于开方。$\bar{x} = $ AVERAGE（A2：G8）。计算得到置信区间为 [138.34，173.95]。

　　使用 CONFIDENCE.NORM（alpha，standard_dev，size）函数可以直接用正态分布返回 μ 的置信区间，其中 alpha 即 α，standard_dev 为 σ 或者 S，size 为样本量。在单元格中输入 "=CONFIDENCE.NORM（0.05，STDEV.S（A2：G8），COUNT（A2：G8））"，并用样本均值加/减运算结果，即得置信区间。

　　问题（2）中，明确说明了土壤中 Zn 含量分布服从正态分布，且总体标准差已知，根据 $\bar{x} \pm Z_{\alpha/2} \dfrac{\sigma}{\sqrt{n}}$ 计算置信区间为 [139.34，172.94]。当然也可以用 CONFIDENCE.NORM 函数计算。

　　【例 2.19】　已知某树种的胸径服从正态分布，现随机抽取 20 棵树，测得其胸径结果见文件 "2_18 某树种胸径数据.xlsx"。请估计此树种胸径均值的 95％ 置信区间。

　　解题方法：

　　此样本为小样本，且总体 σ 未知，采用 t 统计量进行总体均值的区间估计。

方法一：

可以用函数 T.INV(probability,deg_freedom)计算 $t_{\alpha/2}$，其中 probability 为 t 分布相关的概率，deg_freedom 为自由度。在单元格中输入"=T.INV((1-0.05/2),COUNT(A2:E5)-1)"，再求出样本均值和标准差，代入至 $\overline{x}\pm t_{\alpha/2}\dfrac{S}{\sqrt{n}}$，计算得到此树种胸径均值的 95% 置信区间为[19.01，27.10]。

方法二：

采用 CONFIDENCE.T(alpha,standard_dev,size)函数，alpha 即 α，standard_dev 为样本标准差，size 为样本量。在单元格中输入"=CONFIDENCE.T(0.05,STDEV.S(A2:E5)，COUNT(A2:E5))"，并用样本均值加/减运算结果，即得置信区间。

方法三：

将数据整理为一列（A1:A20），选择"数据分析"工具中的"描述统计"，在"描述统计"对话框中选择 A1:A20 为"输入区域"，勾选"平均数置信度"（默认为 95%）（图2.81），点击"确定"后得到与采用 CONFIDENCE.T 函数同样结果。由此可见，"数据分析"工具中"描述统计"输出的区间估计结果默认采用 t 分布计算。实际上许多专业统计分析软件（如 SPSS）都采用 t 分布进行总体均值的区间估计，因为总体标准差通常未知，需要用样本标准差来代替，此时样本均值的分布服从 t 分布，当 df>30 时，t 分布已经很接近标准正态分布。

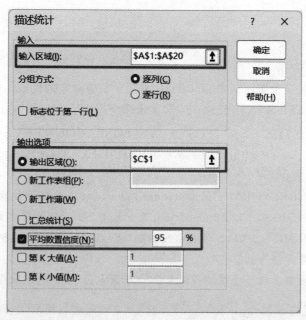

图 2.81　采用"数据分析"工具求均值的置信区间

练习三

根据某地噪声监测结果（文件"2_15 噪声.xlsx"）估计此地噪声的 95% 置信区间。

2.8　假设检验与 t 检验

2.8.1　假设检验

2.8.1.1　假设检验的基本概念和基本原理

假设检验是重要的统计推断方法，用于根据样本数据对总体参数的假设进行推断，检验统计假设是否成立。

假设检验的基本原理是"小概率反证法"。小概率事件是指事件的发生概率很小，如概率 $P < 0.05$。小概率事件在一次试验中几乎不可能发生，但在多次重复试验中则必然发生。假设检验首先假定要检验的统计假设是成立的，以此为前提根据数据的分布特征计算统计量及其概率，用显著性水平（α）判断小概率事件是否发生。如果小概率事件发生，意味着在一次抽样研究中就发生了小概率事件，因此原假设不可信而应该被否定；否则没有充分的理由否定原假设。

在假设检验中，否定域和接受域用于判断样本数据是否支持或拒绝原假设。否定域也称为拒绝域，当样本统计量的值落在这一区域内时，有足够的理由拒绝原假设。否定域的大小和位置取决于显著性水平 α 和检验统计量的分布，否定域在整个分布中所占的比例即为 α。与否定域相对的是接受域，当样本统计量的值落在这一区域内时，没有足够的理由拒绝原假设。

2.8.1.2　假设检验的步骤

（1）确定要进行检验的假设：根据问题的性质和实际问题的需要，提出零假设 H_0 与备择假设 H_1。

（2）选择检验统计量：以 H_0 为前提，确定检验 H_0 的统计量及其分布。

（3）确定显著性水平 α 和 H_0 的否定域及接受域。

（4）由样本值计算统计量和相应的 P 值。

（5）作出决策：若统计量的值落入 H_0 的否定域，则拒绝零假设 H_0；反之，则接受 H_0。

2.8.1.3　假设检验的两类错误

假设检验是采用"小概率反证法"由样本的特征去推断总体特征，此过程中通常会犯两类错误：

（1）第一类错误：实际上 H_0 是正确的，但由于样本的随机性而错误地拒绝了 H_0，也称为"弃真"错误。犯此类错误的概率就是显著性水平 α。

（2）第二类错误：实际上 H_0 是错误的，即备择假设 H_1 正确，但是决策时接受了 H_0，这类错误也称为"存伪"错误。犯第二类错误的概率记为 β。

对于一个具体的假设检验问题，α 越小，β 越大；反之，α 越大，β 越小。实际分析中，通常选择控制第一类错误。

2.8.1.4　单侧检验和双侧检验

单侧检验，又称为单尾检验，是指当要检验的假设是总体参数是否大于或小于某个特定值或另一总体参数值时，所采用的一种单方向的统计检验方法；而当假设没有特定的方向时，采用的统计检验方法为双侧检验，也称为双尾检验。

在进行假设检验时，当可以确定总体参数增加或者减小，或者研究的目的就是考察总体参数的单向变化趋势时，可以采用单侧检验，否则采用双侧检验更为稳妥。

2.8.1.5　参数检验和非参数检验

参数检验是在总体分布形式已知（如正态分布）的情况下，对总体参数进行推断的方法。t 检验和方差分析是常用的参数检验方法。

非参数检验则是在总体分布形式未知时，利用样本数据对总体分布形态等特征进行推断的方法。非参数检验不依赖于特定的总体分布类型，也不针对总体参数进行推断，因而得名"非参数"检验。

2.8.2　t 检验

2.8.2.1　单样本 t 检验

单样本 t 检验用于比较一个样本所对应的总体均值与另一个已知的总体均值之间的差异是否显著。此方法要求样本来自的总体服从或近似服从正态分布。单样本 t 检验是稳健的统计分析方法，只要数据不是强烈的偏态分布，单样本 t 检验都可以得到可靠的结果。

单样本 t 检验的实现思路如下：

（1）提出原假设 H_0：$\mu = \mu_0$，即样本对应的总体均值与给定总体均值相等。

（2）确定显著性水平 α，常用 $\alpha = 0.05$ 或 0.01，有时根据分析目的也可以选择 0.1 或 0.001。

（3）计算统计量及对应的概率值（P）：此处与区间估计时所采用的统计量相同，当样本来源的总体为正态分布，且总体方差 σ^2 已知，或总体非正态分布，但样本为大样本时，采用 Z 统计量；当总体为正态分布，总体方差 σ^2 未知，且样本为小样本时，采用 t 统计量进行假设检验。在解决实际问题时，总体方差 σ^2 通常未知，Z 统计量主要用于演示假设检验的统计理论；而当用样本方差 S^2 代替总体方差 σ^2 时，样本均值的抽样分布服从 t 分布，因此通常采用 t 统计量进行相关问题的假设检验。

（4）α 与 P 值做比较：如果 P 值小于显著性水平，小概率事件在一次试验中发生，则拒绝原假设，反之就不能拒绝原假设。

【例 2.20】已知某地位于土壤酸化区，土壤 pH 服从正态分布。第二次土壤普查时测得土壤平均 pH 为 6.36，而近期抽样调查结果见文件"2_19 土壤酸化区 pH 调查数据.xlsx"，请分析近期抽样调查结果与第二次土壤普查时的结果是否存在显著差异。

解题方法：

（1）近期抽样调查为小样本，且服从正态分布，可以进行单样本 t 检验。提出原假设：

抽样调查结果对应的总体均值（μ）等于第二次土壤普查时测得的土壤平均 pH（μ_0，6.36）。即 H_0：$\mu = \mu_0$。备择假设为 H_1：$\mu \neq \mu_0$。

（2）选择 $\alpha = 0.05$。

（3）在 Excel 中计算 t 统计量及概率 P（图 2.82）。采用 T.DIST.2T(x, deg_freedom) 函数返回双尾 t 分布概率，其中 x 为需要计算分布的数值（t 值），deg_freedom 为自由度。本例中计算所得 t 为负值，需要用 ABS(number1,[number2], …) 函数求其绝对值后再进行计算。

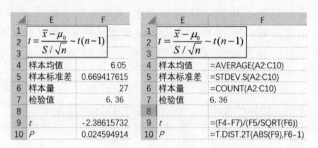

图 2.82　计算 t 统计量及概率 P

（4）$P = 0.025 < 0.05$，因此认为近期抽样调查结果与第二次土壤普查的 pH 差异显著，需要拒绝原假设。由于样本均值为 6.05 < 6.36，因此 pH 显著降低，第二次土壤普查后土壤酸化情况更为严重。

2.8.2.2　两独立样本 t 检验

两独立样本 t 检验是通过比较来自两个总体的独立样本，来推断两个总体的均值是否存在显著性差异。

两独立样本 t 检验要求样本对应的总体服从或近似服从正态分布，两个样本的容量可以不同。"独立"指的是样本之间不存在相互影响或关联。在进行两独立样本 t 检验时还需要进行方差齐性检验，方差齐性检验是检查不同样本对应的总体方差是否相同的一种统计方法。两组样本对应的总体方差相等和不等时 t 统计量的计算方法不同，分析的结果也可能不同。

多种方法可以实现方差齐性检验，其中 Levene 检验适用于多种数据分布类型，被许多专业数据分析软件所采用。Levene 检验也是一种假设检验，原假设为样本所对应的总体方差相等，通过计算 F 统计量和概率 P，判断是接受还是拒绝原假设。

两独立样本 t 检验的实现思路如下：

（1）判断两样本是否独立，并提出 H_0：$\mu_1 = \mu_2$，即两样本对应的总体均值相等。

（2）确定显著性水平 α。

（3）进行方差齐性检验。

（4）根据方差齐性检验结果计算 t 统计量及对应的概率值 P。

（5）α 与 P 值做比较：如果 P 值小于显著性水平，则拒绝原假设，反之就不能拒绝原假设。

【例 2.21】　甲、乙两地土壤 Cd 含量的抽样调查结果见文件"2_20 甲乙两地土壤 Cd 含量.xlsx"。已知两地土壤中 Cd 含量服从正态分布，请分析两地土壤 Cd 含量是否存在显著差异。

解题方法：

（1）甲、乙两地土壤中 Cd 含量服从正态分布，且题意中没有显示两地有任何联系，可以采用两独立样本 t 检验进行分析。提出原假设为两样本对应的总体均值相等，备择假设为两样本对应的总体均值不相等。

（2）选择 $\alpha = 0.05$。

（3）进行方差齐性检验。Levene 检验是一种特殊的方差分析（方差分析的原理和用途将在后续章节讲解），原假设为两个或多个总体方差相等。虽然还不清楚什么是方差分析，但我们可以先用此方法得到分析结果。Levene 检验首先要根据数据分布类型进行数据转换，本例中两个总体服从正态分布，可以采用离均差绝对值进行转换（图 2.83），再用"数据分析"工具中的"方差分析：单因素方差分析"得到 F 统计量和概率值 P（图 2.84）。$P \approx 0.80 > 0.05$，所以判定方差相等。

	A	B			A	B
26	1.27	1.50		26	=AVERAGE(A2:A24)	=AVERAGE(B2:B24)
27				27		
28	0.167391	0.050435		28	=ABS(A2-$A$26)	=ABS(B2-$B$26)
29	0.032609	0.299565		29	=ABS(A3-$A$26)	=ABS(B3-$B$26)
30	0.412609	0.150435		30	=ABS(A4-$A$26)	=ABS(B4-$B$26)
31	0.382609	0.550435		31	=ABS(A5-$A$26)	=ABS(B5-$B$26)
32	0.432609	0.349565		32	=ABS(A6-$A$26)	=ABS(B6-$B$26)
33	0.717391	0.100435		33	=ABS(A7-$A$26)	=ABS(B7-$B$26)
34	0.182609	0.419565		34	=ABS(A8-$A$26)	=ABS(B8-$B$26)
35	0.152609	0.309565		35	=ABS(A9-$A$26)	=ABS(B9-$B$26)
36	0.032609	0.149565		36	=ABS(A10-$A$26)	=ABS(B10-$B$26)
37	0.482609	0.310435		37	=ABS(A11-$A$26)	=ABS(B11-$B$26)
38	0.417391	0.299565		38	=ABS(A12-$A$26)	=ABS(B12-$B$26)
39	0.732609	0.069565		39	=ABS(A13-$A$26)	=ABS(B13-$B$26)
40	0.182609	0.589565		40	=ABS(A14-$A$26)	=ABS(B14-$B$26)
41	0.082609	0.050435		41	=ABS(A15-$A$26)	=ABS(B15-$B$26)
42	0.332609	0.550435		42	=ABS(A16-$A$26)	=ABS(B16-$B$26)
43	0.717391	0.249565		43	=ABS(A17-$A$26)	=ABS(B17-$B$26)
44	0.117391	0.150435		44	=ABS(A18-$A$26)	=ABS(B18-$B$26)
45	0.582609	0.199565		45	=ABS(A19-$A$26)	=ABS(B19-$B$26)
46	0.067391	0.299565		46	=ABS(A20-$A$26)	=ABS(B20-$B$26)
47	0.617391	0.630435		47	=ABS(A21-$A$26)	=ABS(B21-$B$26)
48	0.547391	0.580435		48	=ABS(A22-$A$26)	=ABS(B22-$B$26)
49	0.237391	0.710435		49	=ABS(A23-$A$26)	=ABS(B23-$B$26)
50	0.417391	0.599565		50	=ABS(A24-$A$26)	=ABS(B24-$B$26)

图 2.83　Levene 检验数据转换

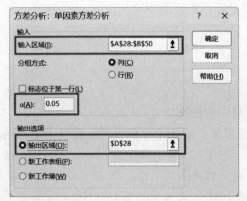

方差分析：单因素方差分析

SUMMARY

组	观测数	求和	平均	方差
列 1	23	8.04783	0.34991	0.05308
列 2	23	7.66957	0.33346	0.04291

方差分析

差异源	SS	df	MS	F	P-value	F crit
组间	0.00311	1	0.00311	0.06481	0.80023	4.06171
组内	2.11167	44	0.04799			
总计	2.11478	45				

图 2.84　Levene 检验结果

（4）因为方差相等，所以选择"数据分析"工具中的"t-检验：双样本等方差假设"（图 2.85），输出的结果为 $P \approx 0.062 > 0.05$，所以不能否定原假设，甲、乙两地土壤 Cd 含量差异无统计学意义。

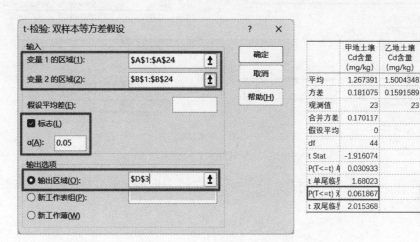

图 2.85　两独立样本 t 检验及结果

2.8.2.3　配对样本 t 检验

配对样本 t 检验是通过比较来自两个总体的配对样本，来推断两个总体的均值是否存在显著性差异。与独立样本相反，"配对"指的是样本中的每一对数据之间都具有关联。如在生态毒理学研究中，研究一组小鼠在接触某污染物前后特定生理指标的变化，每一只小鼠接触污染物之前的生理指标数值会影响接触后的数值。因此，配对样本中每一对观察值的顺序要一一对应，配对的两样本容量应该相等。

配对样本 t 检验的思路是对两样本每对数据求差值，检验差值总体平均数是否为 0，相当于对样本差值进行单样本 t 检验，所以要求两组样本的配对差值服从或近似服从正态分布。

【例 2.22】　某种植物生长在被 Cd 污染的土壤上，其根和叶中 Cd 含量调查结果见文件"2_21 Cd 在根和叶中的含量.xlsx"。若根和叶中 Cd 含量差服从正态分布，请分析这种植物根和叶中 Cd 含量是否有差异。

解题方法：

（1）由于根和叶属于一株植物的不同部位，二者不可能相互独立，因此根和叶中 Cd 含量为配对样本，且根和叶中 Cd 含量差服从正态分布，可以采用配对样本 t 检验进行分析。提出原假设为根和叶中 Cd 含量相等。

（2）选择 $\alpha = 0.05$。

（3）选择"数据分析"中的"t-检验：平均值的成对二样本分析"，输出的结果 P 远小于 0.05，所以否定原假设，由于根中 Cd 含量均值明显高于叶，因此认为这种植物根中 Cd 含量显著高于叶中 Cd 含量（图 2.86）。

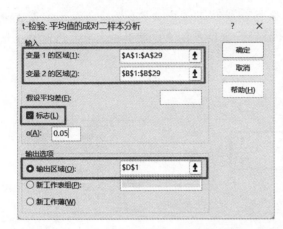

图 2.86　配对样本 t 检验及结果

练习四

1. 某地噪声监测结果见文件"2_15 噪声.xlsx"。已知此地噪声常年监测均值为 65dB，请分析文件"2_15 噪声.xlsx"数据与常年监测均值是否有差异。

2. 某树种在我国南方和北方均可生长，现随机调查了此树种在南方和北方的高度（文件"2_22 南北树高数据.xlsx"）。已知此树种树高服从正态分布，请分析此树种在南方和北方的树高是否有差异。

3. 在一项毒理学实验中，一些小鼠在摄入一定剂量某污染物前后的体重见文件"2_23 摄入污染物前后小鼠体重.xlsx"。已知小鼠摄入污染物前后体重差符合正态分布，请分析污染物是否会对小鼠的体重产生显著影响。

2.9　方差分析

2.9.1　方差分析基本概念

当我们对某观察对象进行研究时，经常会发现得到的结果受到诸多因素的影响，而找到对结果影响显著的某一个或几个因素对于探索事物的本质十分重要。如研究大米中 Cd 含量时，水稻生长地的气候条件（温度、湿度、降水量等）、水稻品种、水肥管理措施和土壤中 Cd 含量等因素都会或多或少影响观测结果。出于保证食品安全的目的，需要知道哪些因素会使大米 Cd 含量明显增加，从而进行调节和控制。对于不同因素影响下得到的两组数据（样本），可以用两独立样本 t 检验进行分析，而方差分析则用于分析三个或更多组数据均值之间是否存在显著差异。

方差分析中需要明确以下概念：

（1）因素。因素是指对观测对象产生影响的客观条件。根据是否可以人为控制，分为两类：一类是可以人为选定和控制的因素，称为控制因素或控制变量，如研究大米中 Cd 含量时水稻品种、施肥方式和用量就是控制因素；另一类因素是不可控因素，称为随机因素或随机变量，如大田试验中的气候条件难以精确控制。通常将控制因素作为方差分析研究中的因素，而随机因素会在实验过程中产生随机误差而对结果产生影响。

（2）水平。水平是指控制因素的具体表现或取值等级。每个控制因素可以有多个水平。例如，水稻品种可以有品种 1、品种 2、品种 3，施肥量可以是 20kg/亩（1 亩等于 $666.67m^2$）、40kg/亩和 60kg/亩等。

（3）观测变量。观测变量即受控制变量和随机变量影响的变量，如大米中 Cd 含量受到控制变量的不同水平和随机误差的影响。

（4）多重比较。在进行方差分析时，只要有两个处理组均值间的差异显著，方差分析就会得到总体均值差异显著的结果，可以进一步研究因素的哪一个或几个水平对结果影响显著。如水稻施肥量为 20kg/亩、40kg/亩和 60kg/亩时，经过方差分析得到大米 Cd 含量差异显著的结果，但是各水平处理结果之间的差异并不清楚，这就需要通过多重比较方法研究具体是在哪两个施肥量处理后大米 Cd 含量差异显著。多重比较是方差分析后对各组样本均值间差异性假设检验方法的统称，如 LSD 法（最小显著性差异法）、SNK 法、Tukey 法等。通过多重比较，可以准确地了解控制因素对观测结果的具体影响，为决策提供依据。

2.9.2　方差分析的基本原理

方差分析是将观测变量的总变异分解为组间变异（由控制变量的处理效应引起）和组内变异（由随机误差引起），并判断控制变量是否对观测变量产生显著影响。具体而言，若组间变异显著大于组内变异，则认为控制变量的不同水平导致观测变量的差异；反之，若组间变异与组内变异无显著差异，则观测变量的波动可归结为随机误差。为实现这一分析，需在每个控制变量水平下设置至少两次重复观测，以准确估计组内变异，从而确保统计推断的有效性。

因此，方差分析就是通过将观测变量的总变异分解成为组间变异和组内变异，分析控制变量是否给观测变量带来了显著影响，从而识别和解释不同因素对观测变量的影响。

2.9.3　单因素方差分析

2.9.3.1　定义

单因素方差分析研究一个控制变量的不同水平对观测变量的影响是否显著。

2.9.3.2　单因素方差分析的应用条件

（1）独立性：观测值来源于控制变量各水平下的随机抽样。可以通过实验设计和实验条件的控制实现独立性。

（2）正态性：各水平下的总体服从正态分布。但方差分析对正态分布不敏感，偏态分布的分析结果一般比较稳健。

（3）方差齐性：各水平下的总体方差相等。可以通过方差齐性检验进行验证。

2.9.3.3　单因素方差分析的基本步骤

（1）提出假设：原假设为控制变量不同水平下观测变量各总体的均值无显著差异，即 k 个总体均值相同（H_0：$\mu_1 = \mu_2 = \cdots = \mu_k$）；备择假设 H_1 为 k 个总体均值不同或不完全相同。

（2）进行方差齐性检验。

（3）进行总差异分解。衡量变异的指标为离均差平方和，将总变异离均差平方和（SST）分解为组间差异离均差平方和（SSA）及组内差异离均差平方和（SSE）两部分：SST＝SSA＋SSE。并采用 F 统计量检验原假设是否成立：

$$F = \frac{\mathrm{SSA}/(k-1)}{\mathrm{SSE}/(N-k)} = \frac{\mathrm{MSA}}{\mathrm{MSE}} \sim F(k-1, N-k)$$

式中　MSA 和 MSE——组间和组内变异的均方；

$\qquad\qquad N$——总样本量；

$\qquad\quad k-1$——组间自由度；

$\qquad\quad N-k$——组内自由度。

（4）计算 F 值对应的 P 值，将 P 值与给定的显著性水平做比较：如果 $P < \alpha$，则应该拒绝原假设，反之就不能拒绝原假设。

（5）如果拒绝原假设，可以进一步用多重比较方法研究组间差异的具体情况。LSD 法是应用最为广泛的多重比较方法，其实质是独立样本 t 检验，但使用方差分析的组内变异均方 MSE 来计算 t 统计量的标准误（SE）：

$$\mathrm{SE} = \sqrt{\frac{\mathrm{MSE}}{n_i} + \frac{\mathrm{MSE}}{n_j}}$$

式中　n_i 和 n_j——进行比较的两组的样本量，当 $n_i = n_j = n$ 时，$\mathrm{SE} = \sqrt{\dfrac{2\mathrm{MSE}}{n}}$。

之后计算 t 统计量：

$$t = \frac{M_1 - M_2}{\mathrm{SE}}$$

式中　M_1 和 M_2——进行比较的两个组的均值。

最后，将 t 对应的 P 值与显著性水平 α 进行比较，判断两组间均值差异是否显著。

【例 2.23】 在一片被 As 污染的土地上种植 4 种植物，以提取土壤中的 As。每种植物进行 5 个重复实验，种植一年后土壤中 As 含量见文件 "2_24 土壤 As 含量数据.xlsx"，请分析种植 4 种植物后土壤 As 含量是否有差异。

解题方法：

（1）提出原假设，即各观测样本总体均值相等。

（2）采用 Levene 检验进行方差齐性检验。对数据值进行转换（图 2.87），再用 "数据分析" 中的 "方差分析：单因素方差分析" 得到 F 统计量和概率值 P（图 2.88）。$P \approx 0.86 > 0.05$，所以方差相等。

（3）采用 "数据分析" 中的 "方差分析：单因素方差分析" 分析土壤 As 含量数据（图 2.89，注意结果 "输出区域" 为 H19 单元格），结果 $P < 0.05$，所以种植 4 种植物后土壤 As 含量差异显著。

	A	B	C	D
1	种植四种植物一年后土壤中砷含			
2	品种1	品种2	品种3	品种4
3	30.8	31.2	26.5	27.9
4	29.6	28.3	28.7	25.1
5	32.4	30.8	25.1	28.5
6	31.7	27.9	29.1	24.3
7	32.8	29.6	27.2	26.5
8	各组均值			
9	31.46	29.56	27.32	26.46
10	离均差转换			
11	0.66	1.64	0.82	1.44
12	1.86	1.26	1.38	1.36
13	0.94	1.24	2.22	2.04
14	0.24	1.66	1.78	2.16
15	1.34	0.04	0.12	0.04

	A	B	C	D
1	种植四种植物一			
2	品种1	品种2	品种3	品种4
3	30.8	31.2	26.5	27.9
4	29.6	28.3	28.7	25.1
5	32.4	30.8	25.1	28.5
6	31.7	27.9	29.1	24.3
7	32.8	29.6	27.2	26.5
8	各组均值			
9	=AVERAGE(A3:A7)	=AVERAGE(B3:B7)	=AVERAGE(C3:C7)	=AVERAGE(D3:D7)
10	离均差转换			
11	=ABS(A3-$A$9)	=ABS(B3-$B$9)	=ABS(C3-$C$9)	=ABS(D3-$D$9)
12	=ABS(A4-$A$9)	=ABS(B4-$B$9)	=ABS(C4-$C$9)	=ABS(D4-$D$9)
13	=ABS(A5-$A$9)	=ABS(B5-$B$9)	=ABS(C5-$C$9)	=ABS(D5-$D$9)
14	=ABS(A6-$A$9)	=ABS(B6-$B$9)	=ABS(C6-$C$9)	=ABS(D6-$D$9)
15	=ABS(A7-$A$9)	=ABS(B7-$B$9)	=ABS(C7-$C$9)	=ABS(D7-$D$9)

图 2.87　基于均值进行数据转换

图 2.88　Levene 检验结果

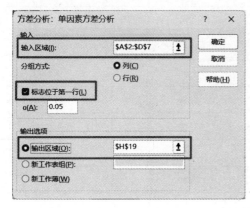

图 2.89　土壤 As 含量单因素方差分析及结果

（4）经过以上分析可知种植不同种类植物对土壤中 As 含量影响显著，可以进一步通过 LSD 法分析种植哪种植物后土壤 As 含量降低效果最为明显。本例中，MSE 为 2.41525（K32 单元格，图 2.89），每一组的样本量 n 都为 5。若比较品种 1 和品种 2 两个组，在 Excel 中计算 t 值和 P（图 2.90），结果 $P=0.07113>0.05$。同理进行其他组的两两比较，并列表（表 2.2），表中如果两组均值差异显著，则在均值差后标注"*"。由表 2.2 可知，种植品种 1 和 2 后，土壤 As 含量差异不显著；种植品种 3 和 4 后，土壤 As 含量差异不显著。且种植品种 3 和 4 后土壤 As 含量显著低于种植品种 1 和 2 后土壤 As 含量。

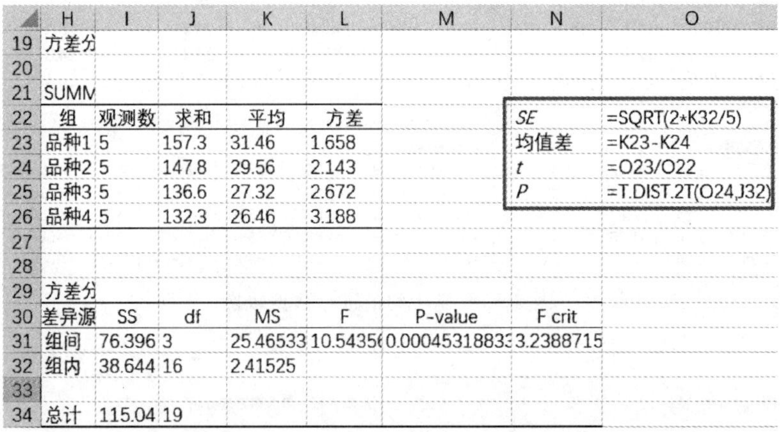

	H	I	J	K	L		M	N	O
19	方差分								
20									
21	SUMM								
22	组	观测数	求和	平均	方差		SE	=SQRT(2*K32/5)	
23	品种1	5	157.3	31.46	1.658		均值差	=K23-K24	
24	品种2	5	147.8	29.56	2.143		t	=O23/O22	
25	品种3	5	136.6	27.32	2.672		P	=T.DIST.2T(O24,J32)	
26	品种4	5	132.3	26.46	3.188				
27									
28									
29	方差分								
30	差异源	SS	df	MS	F		P-value	F crit	
31	组间	76.396	3	25.46533	10.54356		0.00045318833	3.2388715	
32	组内	38.644	16	2.41525					
33									
34	总计	115.04	19						

图 2.90　品种 1 和品种 2 两组均值差异 LSD 检验

表 2.2　土壤 As 含量 LSD 检验结果

植物品种		均值差	P
品种 1	品种 2	1.90	0.0711
	品种 3	4.14*	0.0007
	品种 4	5.00*	0.0001
品种 2	品种 1	−1.90	0.0711
	品种 3	2.24*	0.0367
	品种 4	3.10*	0.0061
品种 3	品种 1	−4.14*	0.0007
	品种 2	−2.24*	0.0367
	品种 4	0.86	0.3945
品种 4	品种 1	−5.00*	0.0001
	品种 2	−3.10*	0.0061
	品种 3	−0.86	0.3945

练习五

在一片被污染农田上开展土壤修复小区实验，添加不同量改良剂后水稻产量见文件"2_25 改良剂用量对水稻产量影响数据.xlsx"，请分析添加改良剂是否会影响水稻产量，以及哪个添加量能够显著促进水稻增产。

2.10　相关分析

2.10.1　事物之间的关系

客观事物之间的关系可以分为两大类：

（1）函数关系。函数关系是事物之间的确定关系，一个变量的值由一个或多个其他变量的值决定。这种关系通常可以用数学函数，例如线性函数、对数函数等来表示。函数关系广泛应用于化学、物理学、工程学等各个领域以精确计算数值。

（2）相关关系。与函数关系不同，相关关系是指两个或多个变量之间存在一定的关联，不是确定的对应关系，变量之间呈现出某种变化趋势。如例 2.13 中，土壤中 Cd 含量随着 pH 的提高而增加。

2.10.2　相关关系的判断

2.10.2.1　散点图

散点图用于定性判断两事物之间的关系，通过点的分布能够直观地发现变量间的相关关系，并判断关系的强弱程度和方向（图 2.91）。

（1）线性相关：两个变量之间呈现直线变化趋势。当一个变量随着另一个变量的增加呈直线上升趋势时，两者为线性正相关；反之为线性负相关。

（2）非线性相关：两个变量之间呈现明显的相关变化趋势，但并非线性相关，而是以接近对数函数、指数函数等曲线形式变化。

（3）不相关：两个变量之间无可识别的相关变化趋势。

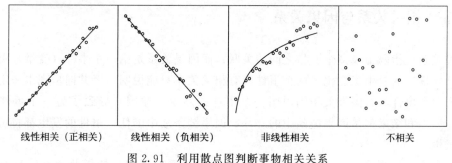

线性相关（正相关）　　线性相关（负相关）　　非线性相关　　不相关

图 2.91　利用散点图判断事物相关关系

2.10.2.2　相关系数

散点图可以直观展现事物之间的关系，但只是定性分析，并不精确。尤其是在数据点很多且变化趋势不十分明显的时候，难以通过散点图判断事物之间的相关关系是否具有统计学意义，因此需要定量分析相关关系。实际工作中，经常需要探索连续变量的线性相关关系，连续变量的非线性相关关系能够通过变换（如对数变换）转化为线性相关，两变量 X 和 Y

的线性相关的程度可以用 Pearson 相关系数来衡量，其计算公式为：

$$r = \frac{\sum_{i=1}^{n}(X_i - \overline{X})(Y_i - \overline{Y})}{\sqrt{\sum_{i=1}^{n}(X_i - \overline{X})^2}\sqrt{\sum_{i=1}^{n}(Y_i - \overline{Y})^2}}$$

式中　r——Pearson 相关系数；

　X_i，Y_i——变量 X 和 Y 的观测值，需要来自两个独立的总体；

　$\overline{X}$，$\overline{Y}$——变量 X 和 Y 的平均值。

需要注意：数据中的极端值对 r 影响很大，计算前需要删除或进行数据转换。

相关系数 r 为量纲一的量，取值范围为[-1，1]。$r>0$ 表示两变量存在正线性相关关系；$r<0$ 表示两变量存在负线性相关关系。$r=1$ 或者 -1 表示两变量为完全正相关或负相关（线性函数）；$r=0$ 表示两变量不相关。通常 $|r|>0.8$ 表示两变量有较强的线性关系，而 $|r|<0.3$ 表示两变量之间的线性关系较弱。以上方式只能对线性关系进行初步判断，假设检验则能对 r 进行定量判断，其基本步骤为：

（1）提出假设：

H_0：两变量间无线性相关关系；

H_1：两变量间有线性相关关系。

（2）Pearson 相关系数 r 的检验统计量为 t 统计量：

$$t = |r|\frac{\sqrt{n-2}}{\sqrt{1-r^2}} \sim t(n-2)$$

式中　n——样本量；

　$n-2$——t 分布的自由度。

（3）根据 t 统计量计算相应 P 值，比较 P 值和 α（通常采用 0.05）：如果 $P<\alpha$ 则否定 H_0，否则接受 H_0。

2.10.3　相关关系与因果关系

相关关系是指两个或多个变量之间的关联；而因果关系是指一个事件（变量）引起另一个事件（变量）的发生或变化。两个事件具有相关关系只能说明二者共同呈现出一定的变化趋势；而两个事件具有因果关系则说明一个事件的发生（原因）导致了另一个事件的发生（结果）。原因和结果都是因果链条中的一环，因果链条之中的任一事件的发生都将引起下一事件的发生。

两个事件具有相关关系不能说明二者具有因果关系；反之，如果两个事件具有因果关系，那么二者一定具有相关关系。在判断两个事件（A 和 B）是否具有因果关系时，可以首先判断二者是否存在相关关系，如果存在，则考虑当改变事件 A 时，事件 B 是否随之改变，或者要改变事件 B，能否通过改变事件 A 来实现。如果满足以上条件，则事件 A 和 B 具有因果关系，且分别为原因和结果。如土壤 pH 与 Cd 含量之间的关系，大量研究表明二者为正相关关系，且当土壤 pH 降低时，Cd 向迁移性较强的形态转变，趋向于迁移出土壤；反之，Cd 向迁移性较弱的形态转变，趋向于在土壤中固定和累积。若想使 Cd 固定于土壤中，可以通过提高土壤 pH 来实现。因此，土壤 pH 与 Cd 含量之间也为因果关系。

【例 2.24】　对文件"2_9 土壤 pH 与 Cd 含量数据.xlsx"进行相关分析。

解题方法：

（1）绘制散点图，观察可知随着土壤 pH 提高，Cd 含量呈现升高趋势，二者可能具有正线性相关关系。

（2）计算 Pearson 相关系数 r。可以采用 CORREL(array1,array2)函数计算 r，其中 array1 和 array2 为两个数据系列区域，在单元格中输入"= CORREL(A2:A21,B2:B21)"，结果约为 0.86。也可以采用"数据"→"数据分析"→"相关系数"功能，输出的结果为一个交叉表，列出任意两个变量的相关系数（图 2.92），土壤 pH 与 Cd 含量相关系数（E3 单元格）与以上函数计算结果相同。

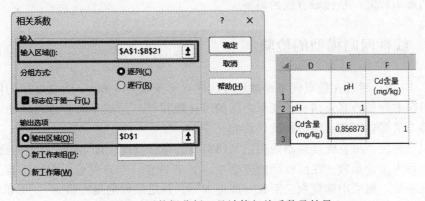

图 2.92　用数据分析工具计算相关系数及结果

（3）计算 t 统计量和 P 值（图 2.93），可知 $P<0.05$，因此拒绝原假设，土壤 pH 与 Cd 含量具有显著的线性相关关系。

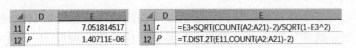

图 2.93　计算 t 统计量和 P 值

练习六

某地土壤中稀有元素锂、铯、铷和锶的含量见文件"2_26 土壤中稀有元素含量数据.xlsx"，请判断这些元素之间是否具有线性相关关系。如存在线性相关关系，请进行相关分析。

2.11　线性回归分析

2.11.1　回归分析的基本概念

当我们判定两个或多个变量间具有相关关系时，往往需要定量描述这种关系，回归分析就是解决这类问题的统计方法。回归分析是指通过构建两个或多个变量间的数学表达式来定量描述其相互依赖关系的数学过程。"回归"最早由英国生物学家、统计学家弗兰西斯·高尔顿（Francis Galton）在研究父母与子女身高关系时提出，他发现即使父母身高远离大多数人的平均身高，其子女的身高也不会像父母身高那样极端，而是更接近平均身高，即有"回归"到平均身高的趋势。

在进行回归分析时，首先要确定自变量和因变量，再根据变量间的关系选择回归模型。对于简单线性回归，其数学模型为：

$$\hat{y} = a + bx$$

式中，x 为自变量；$\hat{y}$ 由模型计算得出，是因变量 y 的估计值或预测值；a 为常数，即 $x=0$ 时回归直线的截距；b 为回归系数，体现了因变量随着自变量的变化程度，或自变量对因变量的影响程度，是回归直线的斜率。

2.11.2 线性回归模型的检验

在例 2.13 中，通过在散点图中添加趋势线建立了土壤 pH 和 Cd 含量之间的回归方程，但是这个回归方程是否真正描述了变量之间的统计规律性？用这个方程进行预测是否可靠？这些问题都不清楚，因此必须进行统计检验。

（1）拟合优度：拟合优度是指观测值与回归线的吻合程度。度量拟合优度的统计量是判定系数，也称为决定系数。在线性回归模型中，如果只有一个自变量，判定系数为 R^2；如果有多个自变量，则采用调整判定系数（调整 R^2）。判定系数的最大值为 1，其值越接近 1，说明回归直线对观测值的拟合程度越好；反之，则拟合程度越差。

（2）回归方程的显著性检验：回归方程的显著性检验用于检验自变量和因变量之间的线性关系是否显著。通常采用方差分析进行检验，通过计算 F 统计量和相应 P 值判断因变量的变异是否主要由自变量的变化所引起。

（3）回归系数的显著性检验：回归系数的显著性检验用于检验各自变量对因变量的影响是否显著。对于简单线性回归模型，回归系数显著性检验的原假设 H_0 为 $b=0$，即自变量的变化对因变量无影响。通过 t 检验来检验原假设是否成立。

（4）残差分析：残差（e）是实际观测值与通过回归方程计算所得估计值的差值。对于简单线性回归模型 $\hat{y} = a + bx$，第 i 个观测值对应的残差 $e_i = y_i - \hat{y}_i$。将残差进行正态标准化即得标准化残差，在 Excel 中可以用 STANDARDIZE(x, mean, standard_dev) 函数，以残差值、残差的均值和标准差分别作为函数中的 x、mean 和 standard_dev，计算得到标准化残差。残差和标准化残差都可用于评估和诊断模型的质量。以残差值为纵坐标，其他适宜变量为横坐标作出的散点图就是残差图，通常选择自变量或者因变量的观测值为横坐标。如果残差图中采用标准化残差作为纵坐标，则为标准化残差图。对于线性回归分析，残差或者标准化残差应分布在横轴两侧一定范围内，其平均值等于 0；随着自变量的变化，残差不应有明显的变化规律，否则说明模型可能是非线性的，或者缺失必要的自变量等，需要采用其他非线性模型，进行变量转换、加权，或者添加必要的自变量等措施来改进模型。

2.11.3 应用线性回归模型时的注意事项

（1）线性关系：因变量与自变量之间存在线性关系，或者经过变量转换后为线性关系。

可以通过散点图来判断两变量的关系。

（2）独立性：因变量和残差应该都是独立的。即一个因变量的值不影响其他因变量的值；同样，残差之间不相互影响，不存在相关性。

（3）残差正态性和方差齐性：模型的残差应服从正态分布，且残差的方差在所有预测值水平上恒定（方差齐性）。这是确保参数估计有效性和统计推断可靠性的关键条件。

（4）多重共线性：多重共线性是指线性回归模型中的两个或多个自变量之间存在相关关系，导致模型参数估计的方差增大，使得模型不稳定，难以准确估计或预测。可以通过删除某些自变量、增加样本容量，或采用其他回归分析方法来解决此问题。

（5）数据中的异常值：因变量中如果存在异常值，可能会对模型产生明显的负面影响，导致模型参数的偏差和不准确。线性回归分析中，标准化残差在（-2，2）以外的点可以在95％置信度下判定为异常值。如果出现异常值，可能需要通过删除，或者均值/中位数替换等方式进行处理，但在处理之前一定要清楚异常值出现的原因，确保数据准确，并在分析报告中详细说明异常值的处理方法和原因。

（6）回归模型与因果关系：即使建立了模型描述自变量与因变量之间的定量关系，也不能说明自变量与因变量之间存在因果关系。关于因果关系的简单判断见 2.10.3 节"相关关系与因果关系"。

【例 2.25】　对文件"2_9 土壤 pH 与 Cd 含量数据.xlsx"进行回归分析。

解题方法：

（1）绘制散点图，确定土壤 pH 和 Cd 含量存在正线性相关关系。

（2）选择"数据"→"数据分析"→"回归"，在"回归"对话框中分别选择土壤 pH 和土壤 Cd 含量数据区域作为自变量和因变量，并选择"残差"下面的所有输出项（图 2.94）。点击"确定"后输出四个表格。第一个表格为回归统计表，其中"Multiple R"就是 Pearson 相关系数，"R Square"是判定系数，值约为 0.73，总体上土壤 Cd 浓度观测值与模型估计值吻合程度良好（图 2.95）。第二个表为回归方程方差分析检验结果（图 2.96），$P <$ 0.001，说明土壤 pH 与 Cd 含量具有极显著的线性相关关系。第三个表列出了回归系数及其

图 2.94　回归分析设置对话框

检验结果（图 2.97），回归系数为 0.18822，t 检验结果为 $P < 0.001$，说明回归系数不为 0，Cd 含量随着土壤 pH 变化而产生了显著变化。第四个表列出了根据模型计算的土壤 Cd 含量值，以及每个值所对应的残差和标准化残差（图 2.98），只有第 10 个观测值对应的标准化残差约为 2.59，可能为异常值。在残差图（图 2.99）上，点基本分布在横轴两侧，没有明显的规律性；在线性拟合图（图 2.100）上，土壤 Cd 含量估计值和实际观测值比较接近。综合以上结果，可知拟合方程能够较好地估计土壤 pH 和 Cd 含量之间的关系。

回归统计	
Multiple R	0.85687
R Square	0.73423
Adjusted R Square	0.71947
标准误差	0.04711
观测值	20

图 2.95 回归统计表

	df	SS	MS	F	Significance F
回归分析	1	0.110369662	0.11037	49.7281	1.4071E-06
残差	18	0.039950338	0.00222		
总计	19	0.15032			

图 2.96 方差分析结果

	Coefficient	标准误差	t Stat	P-value	Lower 95%	Upper 95%	下限 95.0%	上限 95.0%
Intercept	-0.6914	0.159090234	-4.346	0.00039	-1.0256488	-0.35718	-1.0256	-0.3572
pH	0.18822	0.026690387	7.05181	1.4E-06	0.13214124	0.24429	0.13214	0.24429

图 2.97 回归方程截距、斜率及 t 检验结果

观测值	预测 Cd 含量 (mg/kg)	残差	标准残差
1	0.607275415	-0.007275	-0.1587
2	0.458585044	0.021415	0.46702
3	0.387063094	-0.027063	-0.5902
4	0.398356034	0.021644	0.47201
5	0.409648973	-0.019649	-0.4285
6	0.526342682	-0.036343	-0.7926
7	0.475524454	-0.015524	-0.3386
8	0.435999165	0.0640008	1.39573
9	0.396473877	-0.066474	-1.4497
10	0.481170924	0.1188291	2.59143
11	0.362595059	0.0174049	0.37957
12	0.41153113	-0.011531	-0.2515
13	0.336244867	-0.026245	-0.5723
14	0.370123685	-0.030124	-0.6569
15	0.588453849	-0.038454	-0.8386
16	0.422824069	-0.022824	-0.4977
17	0.343773493	-0.023773	-0.5185
18	0.407766817	0.0822332	1.79334
19	0.336244867	0.0337551	0.73613
20	0.404002504	-0.034003	-0.7415

图 2.98 回归方程拟合值和残差

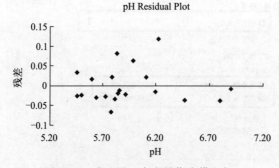

图 2.99 残差图（自变量作为横坐标）

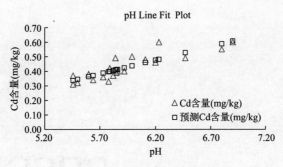

图 2.100　土壤 Cd 含量线性拟合图

（3）根据图 2.97，回归方程近似为 $y=1.88x-0.69$，其中 y 和 x 分别为土壤 Cd 含量和 pH。

由标准化残差结果可知第 10 个观测值可能为异常值，读者可以自行练习去除第 10 个观测值后进行回归分析，并比较分析结果。

练习七

在被 Cd 污染的农田土壤中，Se 元素可以抑制水稻吸收 Cd。某土壤中 Se 元素含量和大米 Cd 含量调查结果见文件"2_27 土壤 Se 含量和大米 Cd 含量数据. xlsx"，请以 Se 元素含量为自变量，大米 Cd 含量为因变量进行线性回归分析。

第3章

SPSS数据分析

3.1 SPSS 发展历程

1968 年，美国斯坦福大学的三位研究生开发了社会科学统计软件包，即 SPSS（Statistical Package for the Social Sciences），并于 1975 年在芝加哥成立了 SPSS 公司。正如其名，SPSS 在发展初期主要定位于解决社会科学领域的统计分析问题，随着 SPSS 公司的发展壮大，于 20 世纪 90 年代先后收购了 SYSTAT、Jandel、Quantime、ISL、ShowCase 等专业软件，使 SPSS 产品线不断扩展，功能和应用范围也不断扩大，2000 年 SPSS 正式更名为"统计产品与服务解决方案"（Statistical Product and Service Solutions）。2009 年，SPSS 被 IBM 公司收购，在 IBM 公司的支持下，SPSS 的发展势头更加强劲，在技术实力、市场拓展和品牌提升等方面取得了显著成效。现在，SPSS 以其简单易用的图形界面、可靠的数据分析方法、详细美观的结果输出和强大的技术实力满足不同用户的需求，被广泛应用于教育、医疗、金融、制造等行业，并深受科研人员的喜爱。

3.2 SPSS 软件界面

启动 SPSS 后，出现向导窗口，可以实现新建文件、访问最近使用的文件、通过帮助文档学习 SPSS 和访问 SPSS 社区等功能。关闭向导窗口，出现 SPSS 软件主界面（图 3.1）。

① 文件标题。显示当前打开的数据文件名称。

② 菜单栏。其中"数据""转换"和"分析"菜单提供了数据处理和分析的大部分

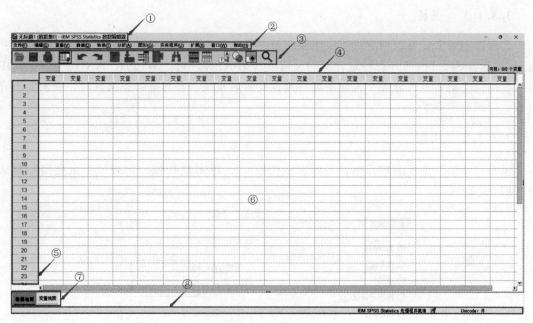

图 3.1　SPSS 软件界面

功能。

③ 工具栏。包含常用功能的快捷访问按钮。可以在菜单栏选择"查看"→"工具栏"→"定制"以修改工具栏。

④ 变量名。SPSS 中需要把变量输入到不同列中，变量名显示在每列顶部。

⑤ 行号。SPSS 中要把观测数据输入到不同行中，每一行称为一个"个案"（Case）。

⑥ 数据编辑区。外观与 Excel 相似，用于输入或者导入数据。

⑦ 视图转换按钮。进入 SPSS 后默认显示"数据视图"，点击"变量视图"按钮后可以具体定义每一个变量的属性，详见 3.3 节"SPSS 数据文件的建立与存储"。

⑧ 状态栏。显示一些帮助信息和软件工作状态，如果软件运行正常，将显示"IBM SPSS Statistics 处理程序就绪"。

此外，在使用 SPSS 进行数据编辑、计算以及分析时，还会出现变量选择窗口，分析过程和结果则会显示在输出窗口中，这些窗口的用途将在后续章节中陆续介绍。

3.3　SPSS 数据文件的建立与存储

3.3.1　直接输入数据

在 SPSS 数据视图中通过键盘直接在数据编辑区输入数据，在变量视图中详细定义变量的属性。可以在数据输入之前或之后定义变量，但通常首先定义变量，以保证数据格式正确并提高数据输入效率。变量的属性包括名称、类型、宽度、小数位数、标签、值、缺失、列、对齐、测量和角色。

3.3.1.1　名称

名称即变量名，可以用字母、汉字或字符@开头，不能有空格和特殊字符（如"！""？"等），不能与 SPSS 内部具有特定含义的保留字（如 ALL、BY、WITH、AND、NOT、OR等）相同。变量名不区分大小写，不能与其他变量名重复。在建立数据文件时，变量名不宜过长，应该简单明了。

3.3.1.2　类型

单击"类型"下面的单元格，右侧出现按钮 … ，单击此按钮，出现"变量类型"对话框（图 3.2）。

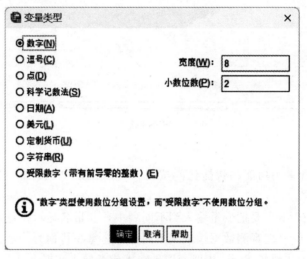

图 3.2　变量类型对话框

（1）数字：数值型数据。若选择此类型，在对话框右侧可以定义宽度和小数位数，默认分别为 8 位和 2 位，小数位数要小于宽度，因为小数点本身占宽度的 1 位。

（2）逗号：数据整数部分从个位开始每 3 位以逗号分隔，逗号也要占位，其余定义方式同数值型。

（3）点：数据整数部分从个位开始每 3 位以一个圆点分隔，且以逗号代替小数点作为整数和小数部分的分隔符。这种数据类型在实际分析中并不常用。

（4）科学记数法：以科学记数法形式表示数据。由三部分组成：第一部分为按照输入的小数位数保留的数字；第二部分字母为 E，第三部分为带正号或负号的数字，二者用于表示10 的多少次幂。

（5）字符串：很常用的数据类型，由一串字符组成。输入的字母区分大小写，输入的字符不能超过宽度的限制（注意：一个汉字占两个字符）。

3.3.1.3　宽度

设置变量的长度，与上述数据类型中宽度的设定相同。

3.3.1.4　小数位数

设置数值型变量的小数点位数。如果出现在字符串中，小数点只是一个字符，不用于确定小数位。

3.3.1.5　标签

指的是变量名标签。通常变量名需要简单明了，而变量名标签可以对变量名作详细说明或注释。在标签中可以使用变量名中不能出现的空格、括号、特殊符号等。在数据分析过程中和输出分析结果时，将优先显示变量名标签以增加结果的可读性。

3.3.1.6　值

即变量值标签，是对变量的每一个可能取值的解释。当变量代表事物的类别时，此功能非常有用。例如，用数字 1 和 2 分别代表男和女；在调查污染时用一系列数字代表污染物的来源等。定义变量值标签能够提高数据输入效率，使数据易于管理；对于一些分析方法（如方差分析），对分类变量定义变量值标签也是必要的步骤。

3.3.1.7　缺失

用于定义缺失值（缺失值相关知识见 1.2.1 节 "数据预处理"）。点击 "缺失" 下单元格中的按钮，打开缺失值设置对话框，定义用户缺失值（图 3.3）。默认数据中 "无缺失值"；对于字符型或数值型变量，可以指定 1～3 个特定值作为 "离散缺失值"；对于数值型变量，还可以指定一个区间（范围）和一个区间外的离散值作为缺失值。此外，SPSS 还有一类默认的缺失值，被称为系统缺失值，用单元格右下角的一个圆点来表示。如输入数据时，没有输入值的单元格即被 SPSS 当作系统缺失值（图 3.4）。

图 3.3　缺失值设置对话框　　　图 3.4　系统缺失值

3.3.1.8　列

在 "列" 中输入的数字代表变量在数据视图中显示的宽度。此选项不影响变量的实际值。

3.3.1.9　对齐

在 SPSS 中输入数据，默认数值型数据右对齐，字符串左对齐，可以通过此选项修改对齐方式。

3.3.1.10　测量

变量的测量尺度由低到高分为 4 个等级：名义级（定类）、顺序级（定序）、区间级（定距）和比率级（定比）。

定类尺度是对事物类别或属性的度量，通常为字符串型数据，即使用数字来表示（如用1和2分别代表"男"和"女"）也不能进行加、减、乘、除等运算。SPSS中用"名义"来表示定类尺度。

定序尺度可以度量事物之间的大小、程度、等级或顺序的差别。例如调查某地土壤重金属污染情况，"无污染""轻度污染""中度污染"和"重度污染"之间具有程度的差别，但没有绝对的定量关系；又如比赛中的名次可以分出先后顺序，但不能进行算术运算。SPSS中用"有序"代表定序尺度。

定距尺度不仅具有定序尺度的特点，能够区分数据的顺序，还具有固定的间距，并能够进行加、减运算。这种尺度没有绝对的零点，如温度为0并不是没有温度。

定比尺度是最高等级的测量尺度，具有前三种尺度的所有特征，且具有真正意义上的零点（如长度、重量等为0的情况），可以进行加减乘除运算。定距和定比尺度一般是数值型数据，SPSS中用"标度"来表示定距和定比尺度。

3.3.1.11 角色

角色主要用于数据挖掘时指定变量在模型构建过程中的用法，不影响一般统计分析方法。如果不希望此选项出现，可以在当前视图为变量视图时选择"查看"→"定制变量视图"，取消勾选"角色"复选框。"定制变量视图"对话框还可以隐藏其他变量属性，也可以通过右侧的上、下按钮调节各个属性的顺序（图3.5）。

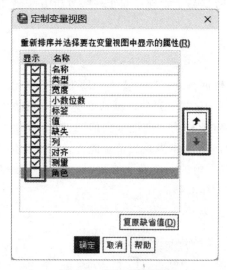

图 3.5　定制变量视图

【例3.1】 表3.1是四川省某次土壤污染调查的部分采样信息，请建立SPSS数据，要求成都、绵阳、宜宾分别用数字1、2、3表示。

表 3.1　四川省土壤污染调查采样信息

Cd 含量/(mg/kg)	As 含量/(mg/kg)	采样地点	用地类型
0.62	20.9	成都	矿山
0.53	8.39	绵阳	居民区
0.46	7.38	成都	工业区
0.91	9.56	宜宾	农田
0.38	9.76	绵阳	果园

解题方法：

（1）在SPSS中首先切换到变量视图，定义变量属性（图3.6）：前两个变量为污染物浓度，是定比尺度；第四个变量是字符串，注意其宽度不能小于6；"采样地点"需要定义值标签（图3.7），这里虽然用数字代表地点，但"测量"中需要选择"名义"以代表类别。

名称	类型	宽度	小数位数	标签	值	缺失	列	对齐	测量
Cd	数字	8	2		无	无	8	靠右	标度
As	数字	8	2		无	无	8	靠右	标度
采样地点	数字	8	0		{1, 成都}...	无	8	靠右	名义
用地类型	字符串	8	0		无	无	8	靠左	名义

图 3.6　在变量视图定义各变量属性

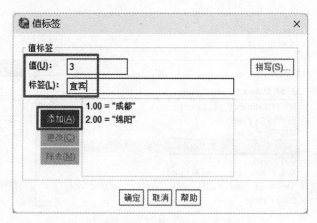

图 3.7　定义"采样地点"变量值标签

（2）依据表 3.1 在数据视图输入变量值，点击工具栏 图标切换值标签，或者选择菜单栏"查看"，勾选或取消勾选"值标签"。

（3）点击工具栏 图标，或"文件"→"保存"，或按快捷键"Ctrl＋S"，输入文件名，选择路径以保存文件，结果见附件文件"3_1 采样信息.sav"。*.sav 格式为 SPSS 的标准文件格式，完整保存了变量视图和数据视图的所有信息。

3.3.2　导入数据

SPSS 能够导入多种格式的数据文件，如 Excel、文本、数据库和其他统计软件（如 SAS）保存的文件，其中导入 Excel 文件是 SPSS 数据分析常用的操作。

【例 3.2】　将文件"2_5 废气排放数据.xlsx"数据导入 SPSS。

解题方法：

（1）选择"文件"→"打开"，在下面"文件类型"下拉列表中选择"Excel（＊.xls、＊.xlsx 和＊.xlsm）"，或者"文件"→"导入数据"→"Excel"，在上面"查找位置"中选择"2_5 废气排放数据.xlsx"文件路径（图 3.8），点选文件，点击"打开"。

（2）在弹出的"读取 Excel 文件"对话框（图 3.9）的"工作表"后可以选择从 Excel 文件的哪个工作表读取数据，SPSS 默认导入所选工作表中的全部数据，如果想指定读取工作表中某个区域的数据，如"2_5 废气排放数据.xlsx"前两列的 1～90 行数据，则在"范围"后输入"A1:B90"。如果 Excel 工作表文件第一行或指定读取区域内的第一行是变量名，则勾选"从第一行数据中读取变量名称"。如果 Excel 中没有隐藏的行和列，且文本前后没有空格，则其他选项保持默认，点击"确定"即可导入数据。

（3）导入数据后要仔细检查变量属性是否正确，是否有变量缺失或者多余，以及变量值显示是否正常（是否有乱码等）。本例中，Excel 文件 C、D 和 E 列的第一行中有括号，不符

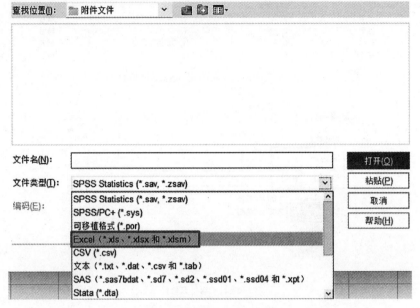

图 3.8　导入外部文件对话框

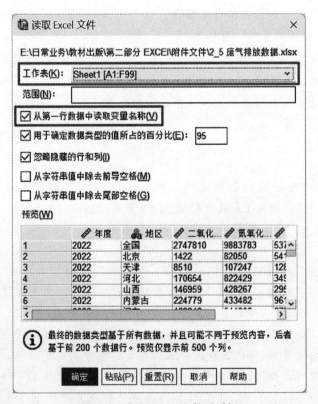

图 3.9　读取 Excel 文件对话框

合 SPSS 变量名称规则，SPSS 在变量名中将括号去掉，并以变量名标签的形式显示原 Excel
单元格中的值。在导入前可以先编辑文件内容，使之符合 SPSS 数据结构规则。

（4）将文件保存为"3_2 废气排放数据.sav"。

3.3.3 导出数据

SPSS 数据文件可以另存为其他 *.sav 文件，也可以导出为其他多种格式。如将 "3_1 采样信息.sav" 另存为其他 *.sav 文件时，选择 "文件"→"另存为"，点击 "变量" 按钮，在弹出的对话框中可以勾选需要保存到新文件中的变量（图 3.10）。如果要将 "3_1 采样信息.sav" 导出到 Excel 文件，则选择 "文件"→"另存为"，在 "保存类型" 中选择 "Excel 97 到 2003（*.xls）" 或者 "Excel 2007 到 2010（*.xlsx）"，也可以选择 "文件"→"导出"→"Excel"。在 "工作表名称" 后可以直接定义导入到 Excel 工作表的名称（图 3.11）；"将变量名写入文件" 用于选择是否将 SPSS 变量名或变量名标签写入 Excel 工作表第一行；"保存值标签（如果已定义）而不是保存数据值" 用于选择已定义值标签的变量如何保存，值标签和数据值二者中只能选择其一保存到 Excel；点击 "变量" 可以勾选需要保存到 Excel 中的变量。

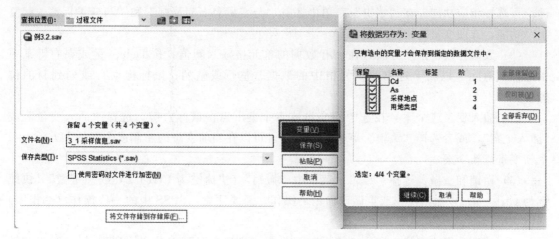

图 3.10 另存为 *.sav 文件时选择变量

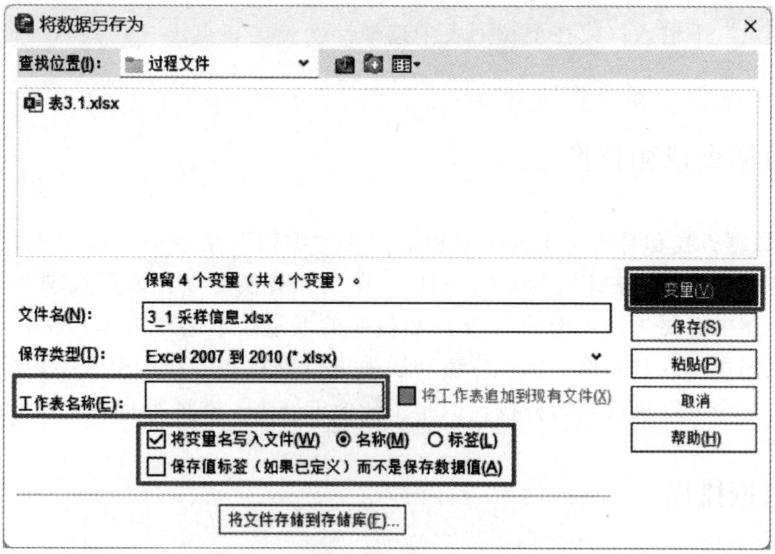

图 3.11 导出为 Excel 文件并选择变量

3.4　SPSS 数据编辑

3.4.1　数据编辑一般操作

SPSS 数据编辑的许多基本操作与 Excel 相似，主要包括：

（1）数据选取：主要方式为鼠标拖动选择矩形范围内的数据；或按住 Shift 键选择连续的数据、多个变量或个案；或按住 Ctrl 键选择不连续的多个变量或个案；或按组合键 Ctrl＋A 选取全部数据等。

（2）复制、剪切和粘贴：选择数据后，按快捷键 Ctrl＋C、Ctrl＋X 和 Ctrl＋V 实现数据的复制、剪切和粘贴；或在"编辑"菜单中使用相应功能；也可以在数据上点击鼠标右键，再选择相应功能。在"编辑"菜单中还有"与变量名一起复制"和"与变量标签一起复制"功能，方便变量的快速复制。

（3）数据修改：常用方法为在已有数据的单元格输入新值；按 Delete 键或在右键菜单中选择"清除"以删除选中的单元格中的数据、整行或整列；鼠标拖动行或列到新的位置等。

（4）插入变量或个案：在选中的变量或者个案上点击鼠标右键，选择"插入变量"或"插入个案"，或者选择"编辑"菜单中的命令，可以在当前变量的左侧或个案的上方插入一个新变量或新个案。

（5）撤销和重做：选择"编辑"菜单中"撤销"（快捷键为 Ctrl＋Z）或"重做"（快捷键为 Ctrl＋Y）以撤销操作或重做已撤销的操作。需要注意，SPSS 中的一些操作（如排序）不能撤销。

（6）转到个案或变量：选择"编辑"菜单中"转到个案"或者"转到变量"，弹出"转到"对话框，此对话框也可以通过点击工具栏 或 打开。在"转到个案号"下输入行号，或在"转到变量"下输入（或在下拉列表中选择）变量名，点击"转到"，可以定位到相应的个案或变量。

3.4.2　数据查找和替换

SPSS 中数据查找和替换与 Excel 中相似，在"编辑"菜单中选择"查找"（快捷键为 Ctrl＋F）或者"替换"（快捷键为 Ctrl＋H）。查找和替换可以在数据视图和变量视图中使用：在数据视图中需要先选中要进行查找和替换的变量、个案或者单元格，再输入查找内容；在变量视图中可以对名称、标签、值和缺失进行查找和替换。SPSS 数据在查找对话框的"匹配条件"中可以执行模糊查找，但是不能像 Excel 一样将所有结果列出。

3.4.3　数据排序

在 SPSS 菜单栏选择"数据"→"个案排序"可以进行单条件或多条件排序，如在文件

"3_2 废气排放数据.sav"中,在"个案排序"对话框选择按照"年度"升序排序,再选择按照"地区"升序排序(图3.12),则 SPSS 首先满足按照"年度"升序排序条件,再按照"地区"字符串音序升序排序。

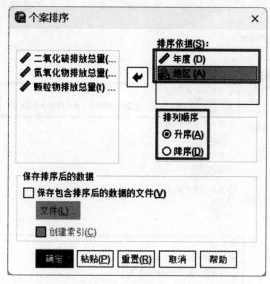

图 3.12 SPSS"个案排序"对话框

3.4.4 数据筛选

SPSS 常用的数据筛选功能为条件筛选和随机筛选,数据筛选功能在"数据"→"选择个案"中。

【例 3.3】 在文件"3_2 废气排放数据.sav"中筛选颗粒物排放总量大于 50000t,小于 100000t 的个案。

解题方法:

在菜单栏选择"数据"→"选择个案",在弹出的对话框中"选择"下(图3.13),默认选项为"所有个案",即不进行筛选。点选"如果条件满足",点击下面按钮"如果",弹出"选择个案:if"对话框。"选择个案:if"对话框左侧为变量列表,右侧可以调用 SPSS 的内置函数,中间类似于计算器的面板,运算符主要包括+(加)、-(减)、*(乘)、/(除)、**(幂运算),关系运算符包括>(大于)、<(小于)、~=(不等于)、>=(大于或等于)、<= (小于或等于),&(AND,逻辑与)、|(OR,逻辑或)、~(NOT,逻辑非)。在对话框上方输入框中输入条件表达式,选中"颗粒物排放总量(t)"变量,单击 → 按钮使之添加到右侧表达式框中,点击相应的符号和数字以输入条件表达式"颗粒物排放总量 t>50000 &颗粒物排放总量 t<100000",点击"继续"回到"选择个案"对话框。在"输出"下有三个选择:

(1)"过滤掉未选定的个案"是在不符合筛选条件的个案号码上打"/"标记,并生成"filter_$"变量用于标识个案是否被选中(自动生成变量值标签,1 表示个案被选中,0 表示未被选中);

(2)"将选定个案复制到新数据集"下面可以输入新数据集名称,用新数据文件来保存选中的个案；

（3）"删除未选定的个案"表示数据文件中只保留选定的个案，未被选择的个案被删除。选择此方式需要谨慎。

本例采用默认的输出方式"过滤掉未选定的个案"，点击"确定"，完成筛选。

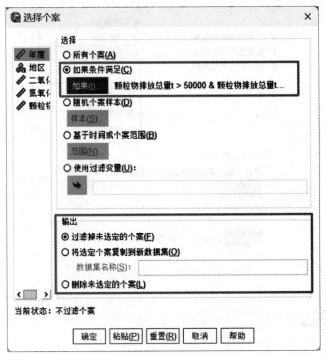

(a) "选择个案"对话框

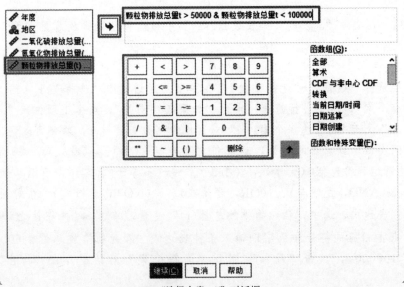

(b) "选择个案：if"对话框

图 3.13　SPSS 按照指定条件筛选个案

需要注意，经过筛选之后未被选择的个案被打上"/"标记，表示被过滤掉，这些个案虽然还在数据表中，但不会参与到后续的所有分析中；如果希望使用这些数据，可以在"个案筛选"对话框选择"所有个案"取消筛选。

【例 3.4】　在文件"3_2 废气排放数据.sav"中随机筛选大约 10%个案成为一个新样本。

解题方法：

在"选择个案"对话框"选择"下，点选"随机个案样本"（图 3.14），点击"样本"按钮，在"大约"后输入 10，表示随机选择大约 10%个案，点击"继续"，"输出"方式选择"将选定个案复制到新数据集"，在下面输入"数据集名称"为"S1"，点击"确定"，则选定的个案生成新文件"S1"。本例共 96 个个案，采用"大约"筛选方法得到的个案接近10 个，可以重复以上操作三次，观察每次生成的样本量的变化。

如果选择的随机筛选方法为"正好为"，并在后面分别输入 10 和 96，则会在所有个案中随机选择 10 个个案组成一个样本。

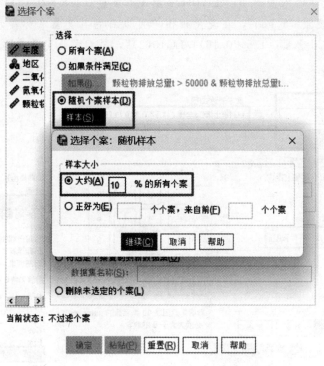

图 3.14　SPSS 采用随机方法筛选个案

3.4.5　计算变量

计算变量是根据已有变量通过计算生成新变量的过程，通过在菜单栏选择"转换"→"计算变量"使用此功能。

【例 3.5】　地累积指数法广泛应用于研究沉积物和土壤中重金属的污染程度，其公式为：

$$I_{geo} = \log_2 \left(\frac{C_n}{K \cdot BE_n} \right)$$

式中　I_{geo}——元素的地累积指数；

C_n——土壤中元素 n 的浓度；

BE_n——土壤中元素 n 的地球化学背景值；

K——常数，考虑成岩作用可能引起背景值变动而取的系数，通常取 1.5。

已知某地土壤中重金属 Cd 浓度调查结果见文件"3_3 某地土壤 Cd 调查数据.sav"，Cd 浓度的背景值为 0.16mg/kg，请计算土壤 Cd 的地累积指数。

解题方法：

打开文件"3_3 某地土壤 Cd 调查数据.sav"，选择"转换"→"计算变量"。"计算变量"对话框与"选择个案"对话框相似（图 3.15），不同的是在左上角需要输入新变量名称，此处输入"I_geo"，这个变量将用于存储 Cd 的地累积指数计算结果。输入变量名后，点击下面的"类型和标签"定义新变量："I_geo"显然为数值型，标签可以根据需要输入，或"将表达式用作标签"（本例选择此项）。根据地累积指数的公式，需要在右侧"函数组"下选择"算术"中"Lg10"，输入表达式"LG10(土壤 Cd 含量/(1.5 * 0.16))/LG10(2)"，点击"确定"，则生成新变量"I_geo"，在变量视图中可以看到其变量名标签为"COMPUTE I_geo1＝LG10(土壤 Cd 含量/(1.5 * 0.16))/LG10(2)"，显示了此变量的计算方法。

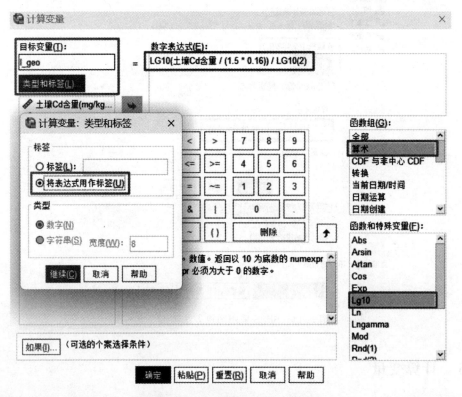

图 3.15　SPSS 计算变量对话框

3.4.6　变量编码

变量编码，即按照一定的规则对变量值进行分组。通过"转换"中"重新编码为相同变量""重新编码为不同变量"和"自动重新编码"来实现。

"自动重新编码"适用于分类变量的分组，这类变量中某几个值（数值或字符串）重复出现，当对分组没有明确要求时，"自动重新编码"功能可以快速用自然数为变量值编码。如在文件"3_2 废气排放数据.sav"中，"年度"和"地区"可以视为分类变量，选择"自动重新编码"，在对话框中将"年度"选入"变量->新名称"窗格中，在窗格下面输入新变量名称为"code"并点击"添加新名称"按钮，则窗格中"年度-->????????"变为"年度-->code"，同样操作变量"地区"编码为"code1"（图 3.16），点击"确定"，则在数据视图中生成"code"和"code1"两个变量，并自动添加变量值标签。

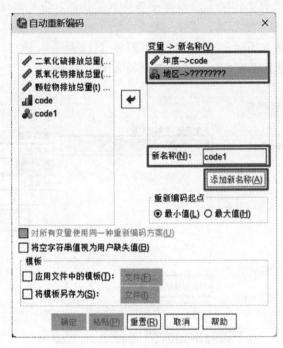

图 3.16　"自动重新编码"对话框

"重新编码为相同变量"和"重新编码为不同变量"常用于连续变量的分组。"重新编码为相同变量"产生的新变量值将覆盖原变量值，建议使用此功能前备份数据文件；"重新编码为不同变量"则生成新的变量来保存分组结果。

【例 3.6】　已知根据地累积指数可以将污染程度分为 7 个等级（表 3.2），请标明文件"3_3 某地土壤 Cd 调查数据.sav"中每个样品的污染等级。

表 3.2　地累积指数与污染程度分级

范围	级别	污染程度
$I_{geo} \leqslant 0$	0	无污染
$0 < I_{geo} \leqslant 1$	1	无污染到中度污染
$1 < I_{geo} \leqslant 2$	2	中度污染
$2 < I_{geo} \leqslant 3$	3	中度污染到强污染
$3 < I_{geo} \leqslant 4$	4	强污染
$4 < I_{geo} \leqslant 5$	5	强污染到极强污染
$I_{geo} > 5$	6	极强污染

解题方法：

在例 3.5 中计算了 I_{geo}，对照表 3.2 对其进行编码即可。选择"转换"→"重新编码为不同变量"，在"名称"下输入新变量名称"污染程度"（图 3.17），点击"变化量"按钮，此时可以点击"旧值和新值"按钮，弹出如图 3.18 所示的对话框。污染级别 0 对应 $I_{geo} \leqslant 0$，所以选择"范围，从最低到值"，下面输入 0，在右侧"值"中输入 1（代表第一个污染级别），点击"添加"，则"旧-->新"列表中出现"Lowest thru 0-->1"，即从最低值到 0 的数据编码为 1；对于污染级别 1～5，I_{geo} 取值范围是有限区间，需要选择"范围"并输入区间上下限；污染级别 6 对应无限区间，即 $I_{geo} \in (5, +\infty)$，选择"范围，从值到最高"，下面输入 5。定义变量编码方法后点击"继续"，回到图 3.17 所示对话框，点击"确定"。生成"污染程度"变量，在变量视图中定义值标签（图 3.19）即可。

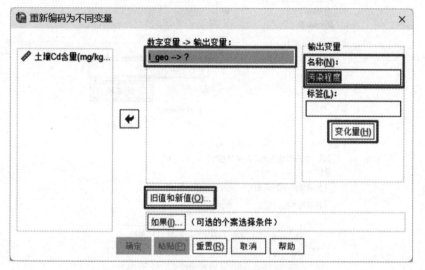

图 3.17　"重新编码为不同变量"对话框

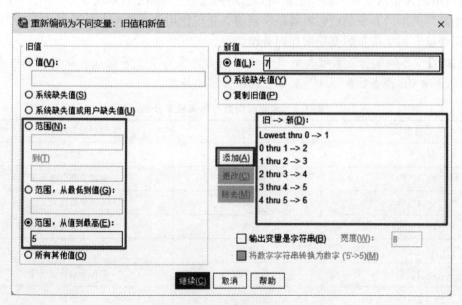

图 3.18　定义变量编码的方法

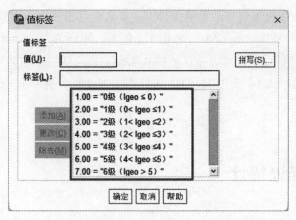

图 3.19　定义"污染程度"变量值标签

练习一

Hakanson 潜在生态风险指数法由瑞典科学家 Hakanson 于 1980 年提出,是一种广泛应用于环境污染和生态风险评价的方法,可以评估土壤和沉积物中单一重金属或多种重金属的潜在生态风险。其计算方法为:

$$C_f^i = \frac{C_x^i}{C_s^i}$$

$$E_r^i = T_r^i C_f^i$$

$$RI = \sum_{i=1}^{n} E_r^i$$

式中　C_f^i——第 i 种重金属的单项污染指数;

　　　C_x^i——第 i 种重金属浓度的实际测量值;

　　　C_s^i——第 i 种重金属的评价标准值;

　　　E_r^i——第 i 种重金属的潜在生态风险系数;

　　　T_r^i——第 i 种重金属毒性响应系数;

　　　RI——多种重金属的潜在生态风险指数。

由以上公式计算某一重金属,或多种重金属的潜在生态风险,根据表 3.3 确定样品的潜在生态风险等级。

表 3.3　Hakanson 潜在生态风险指数分级

E_r 值		RI 值	
分级标准	风险等级	分级标准	风险等级
$E_r < 40$	轻微生态风险	RI < 150	轻微生态风险
$40 \leq E_r < 80$	中等生态风险	$150 \leq RI < 300$	中等生态风险
$80 \leq E_r < 160$	较强生态风险	$300 \leq RI < 600$	较强生态风险
$160 \leq E_r < 320$	强烈生态风险	$RI \geq 600$	极强生态风险
$E_r \geq 320$	极强生态风险	—	—

某地沉积物中重金属含量调查结果见文件"3_4 某地沉积物中重金属含量.xlsx",若根据历史调查数据确定 Cd、Pb、Cu、Zn、As 和 Hg 的 C_s^i 分别为 0.18mg/kg、105.27mg/kg、89.31mg/kg、70.62mg/kg、12.89mg/kg 和 0.11mg/kg,T_r^i 分别为 30、5、5、1、10 和 40,请筛选出样品中 $E_r^i(\text{Cd})$ 大于 80 的样品另存为新文件,并根据 RI 标识每个样品的潜在生态风险等级。

3.5 SPSS 描述统计

3.5.1 数据集中趋势与离散趋势

数据集中趋势与离散趋势分析功能主要在 SPSS "分析"菜单的"报告"和"描述统计"中。如要对"3_3 某地土壤 Cd 调查数据.sav"中的 Cd 含量进行描述统计分析,可以选择:

(1)"分析"→"描述统计"→"描述",点击"选项",可以选择计算变量的平均值、标准差、最大值、最小值、范围(极差)等统计量(图 3.20);

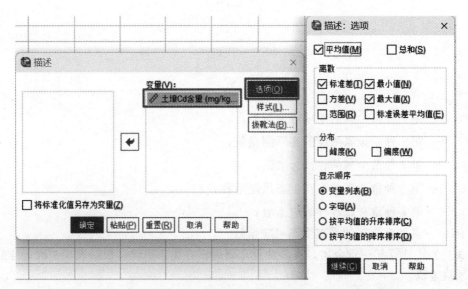

图 3.20 使用 SPSS "描述"功能计算数据集中趋势与离散趋势

(2)"分析"→"描述统计"→"频率",点击"统计",可以选择计算中位数、众数、百分位数(四分位数)等(图 3.21);

(3)"分析"→"报告"→"个案摘要",点击"统计",可以选择输出调和平均值和几何平均值等(图 3.22);

(4)在图 3.21 中的"频率:统计"对话框中选择输出四分位数后,可以通过计算判断离群值。用上四分位数(Q_3)减去下四分位数(Q_1)得到四分位距(IQR),大于 Q_3 + 1.5IQR 或小于 Q_1 - 1.5IQR 的数据即为离群值。此外,可以采用探索性分析寻找离群值

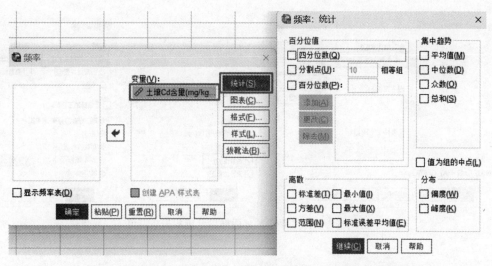

图 3.21　使用 SPSS "频率" 功能计算数据集中趋势与离散趋势

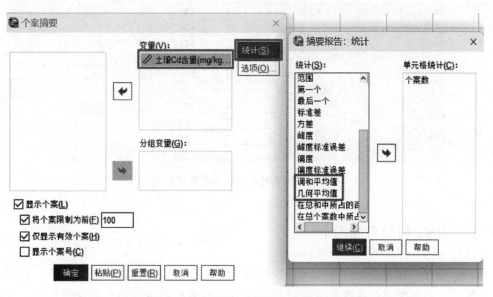

图 3.22　使用 SPSS "个案摘要" 功能计算数据集中趋势与离散趋势

(SPSS 探索性分析具有多种功能，这些功能将在后续章节中陆续介绍)，选择 "分析"→"描述统计"→"探索"，将 "土壤 Cd 含量" 选入 "因变量列表"（图 3.23），点击 "统计" 按钮，在 "探索：统计" 对话框中只勾选 "离群值"（注意：此选项实际上是输出变量中的 5 个最大值和 5 个最小值，在其他版本的 SPSS 中可能译为 "界外值"）。点击 "继续"，再点击 "图"，仅选择 "箱图" 下第一项（默认），点击 "继续"，最后点击 "确定"。输出的结果中（图 3.24），包括极值列表和箱线图。箱线图中用小圆圈表示的数据点为离群值（个案号为 76、90、65、58），用星号表示的数据点为极端值（个案号为 93、89、71、79），极端值是大于 $Q_3 + 3\mathrm{IQR}$ 或小于 $Q_1 - 3\mathrm{IQR}$ 的数据。

除以上方法，在使用 SPSS 中许多数据分析功能时，描述统计指标会作为分析结果的一部分输出。

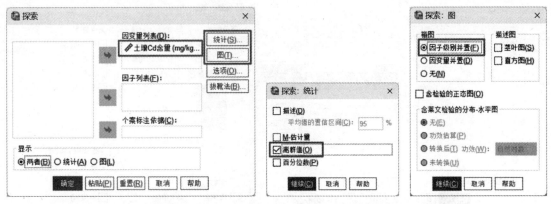

图 3.23 设置"探索"对话框以分析数据离群值

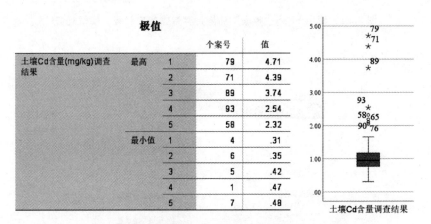

图 3.24 探索性分析输出数据离群值

3.5.2 SPSS 频数分布分析

SPSS "分析"菜单中的"描述统计"→"频率"不仅可以进行描述统计分析,还可以统计变量值出现的频次,实现频数分布分析。离散型变量的频数分布分析比较简单,直接用"频率"功能即可输出各值出现的频数;对于连续型变量,通常采用"重新编码为不同变量"进行组距分组,再分析每组的频数。

【例 3.7】用 SPSS 对文件"2_15 噪声.xlsx"中噪声数据进行频数分布分析。

解题方法:

方法一:

(1)噪声数据是连续变量,适于采用组距分组。首先用 SPSS 描述统计功能得到噪声最大值、最小值和极差分别为 51、87 和 36,确定进行等距分组,共 9 组,组距为 36/9=4。每个组范围:51~55、55~59、59~63、63~67、67~71、71~75、75~79、79~83 和 83~87。

(2)采用"重新编码为不同变量"编辑噪声分组方法,生成新变量"噪声分组"。对于连续变量,统计每组频数时通常需要遵循"上限不在内"原则,即某一组的上限等于相邻下一组的下限时，要将此值划入下一组。SPSS 在执行"重新编码为不同变量"时会按照分组顺序进行，如第一组 51～55，变量值 55 会优先分配到第一组而不符合"上限不在内"原则，因此编辑噪声分组时适当缩小前八组的上限（图 3.25）。

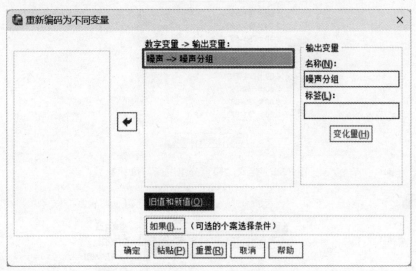

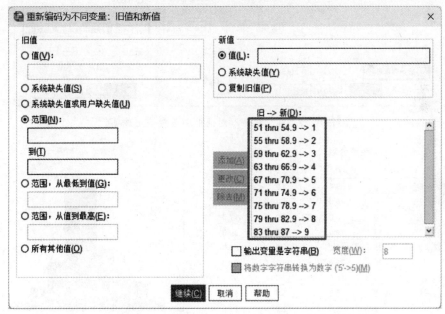

图 3.25　在"重新编码为不同变量"对话框中编辑噪声分组

（3）在变量视图中为新生成的"噪声分组"变量定义值标签（图 3.26）。

（4）选择"分析"→"描述统计"→"频率"，选择"噪声分组"作为分析变量（图 3.27）。点击"图表"可选择输出图表的种类，本例为频数分布分析，所以选择"直方图"，并勾选其下"在直方图中显示正态曲线"，从而在直方图上显示正态分布曲线，以便比较噪声分布情况。点击"继续"，再点击"确定"。

（5）在输出窗口中显示了频数分布表和频数分布图，由直方图可知噪声数据比较接近正态分布，稍微左偏，且略微呈现尖峰形态（图 3.28）。

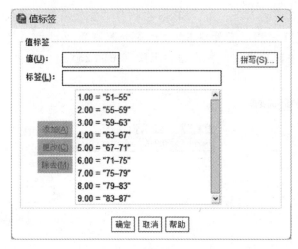

图 3.26　定义"噪声分组"变量值标签

图 3.27　在"频率"对话框中设置输出选项

噪声分组

		频率	百分比	有效百分比	累积百分比
有效	51—55	3	3.0	3.0	3.0
	55—59	6	6.0	6.0	9.0
	59—63	8	8.0	8.0	17.0
	63—67	13	13.0	13.0	30.0
	67—71	25	25.0	25.0	55.0
	71—75	28	28.0	28.0	83.0
	75—79	10	10.0	10.0	93.0
	79—83	5	5.0	5.0	98.0
	83—87	2	2.0	2.0	100.0
	总计	100	100.0	100.0	

图 3.28　噪声数据频数分布表和频数分布图

方法二：

（1）选择"转换"→"可视分箱"，将"噪声"变量作为"要分箱的变量"，点击"继续"。"分箱"实际上就是对数据进行分组。

（2）在"可视分箱"对话框（图 3.29）"分箱化变量"后输入"噪声分组 1"（即新生成变量的名称）。在"上端点"下点选"排除（<）"以符合"上限不在内"原则。点击"生成分割点"按钮。

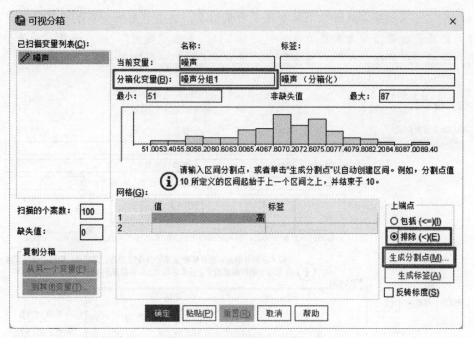

图 3.29 "可视分箱"对话框

（3）在弹出的"生成分割点"对话框（图 3.30）中"第一个分割点位置"后输入 55，在"宽度"后输入 4（即组距），则"分割点数"后自动生成"8"，表示从第一个分割点 55，到最后一个分割点 83，共有 8 个分割点将数据分为 9 个箱（组）。点击"应用"，回到"可视分箱"对话框。

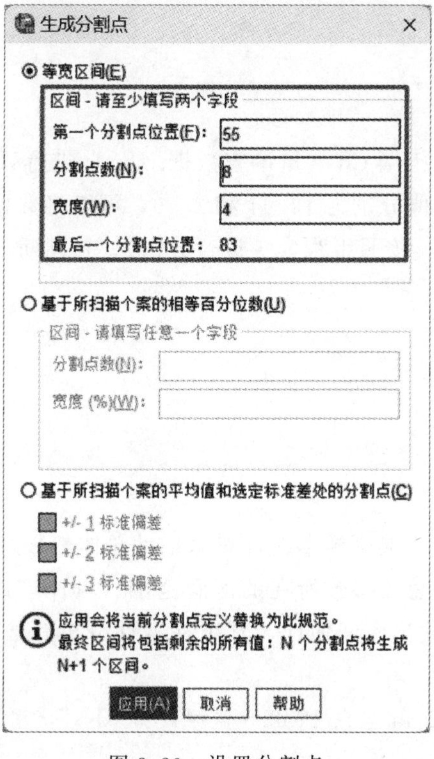

图 3.30 设置分割点

（4）在"可视分箱"对话框下面生成了分组列表，点击"生成标签"按钮可以在每个组后面自动生成数据范围作为变量值标签（图 3.31）。点击"确定"，生成变量"噪声分组 1"，再使用"分析"→"描述统计"→"频率"对"噪声分组 1"进行频数分布分析即可。

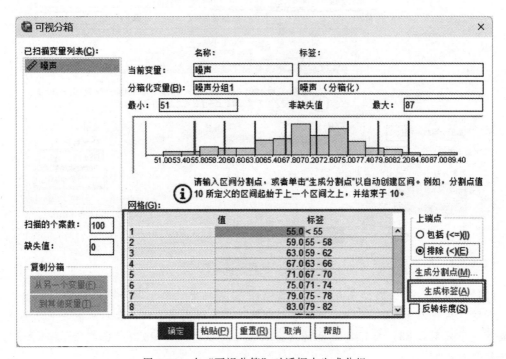

图 3.31　在"可视分箱"对话框中生成分组

练习二

用 SPSS 对文件"2_16 土壤 Cd 含量调查数据.xlsx"进行频数分布分析，要求进行等距分组（提示：最大值、最小值分别为 12.94 和 2.49，可以将数据范围适当扩展以便于分组，如将分组范围扩展为 2～13，按照组距为 1 进行分组），并判断土壤 Cd 含量数据是否存在离群值。

3.6　区间估计

数据分析过程中经常需要根据样本统计量来估计总体参数特征，区间估计是在点估计的基础上以一定可靠程度推断总体参数所在的区间范围（具体理论见 2.7.2 节"区间估计"）。SPSS 有多种分析方法可以输出区间估计，其中探索性分析是最为常用的方法，采用 t 统计量进行总体均值的区间估计。

【例 3.8】　根据文件"2_14 空气 PM2.5 监测数据.xlsx"，用 SPSS 分析此地空气 $PM_{2.5}$ 的 95% 置信区间。

解题方法：

（1）根据"2_14 空气 PM2.5 监测数据.xlsx"建立 SPSS 数据文件。

（2）选择"分析"→"描述统计"→"探索"，将 $PM_{2.5}$ 数据作为要分析的变量放入"因变量列表"，点击"统计"按钮，在"探索：统计"对话框中勾选"描述"，"平均值的置信区间"取 95%。直接点击"继续"，回到"探索"对话框，本例只需要统计结果，在"显示"下点选"统计"，再点击"确定"（图 3.32）。

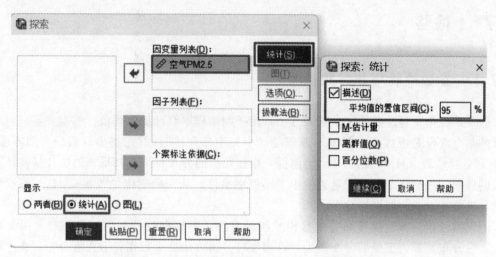

图 3.32　设置"探索"对话框以进行总体均值区间估计

（3）输出的结果包括两个表格（图 3.33）：第一个表为样本个案数和缺失值信息；第二个表在数据平均值后输出了平均值的 95% 置信区间，表中还包括了中位数、四分位距、峰度和偏度等描述统计结果，可以用于初步判断数据的分布情况。

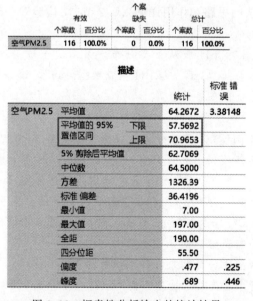

个案处理摘要

	个案					
	有效		缺失		总计	
	个案数	百分比	个案数	百分比	个案数	百分比
空气PM2.5	116	100.0%	0	0.0%	116	100.0%

描述

			统计	标准 错误
空气PM2.5	平均值		64.2672	3.38148
	平均值的 95% 置信区间	下限	57.5692	
		上限	70.9653	
	5% 剪除后平均值		62.7069	
	中位数		64.5000	
	方差		1326.39	
	标准 偏差		36.4196	
	最小值		7.00	
	最大值		197.00	
	全距		190.00	
	四分位距		55.50	
	偏度		.477	.225
	峰度		.689	.446

图 3.33　探索性分析输出的统计结果

练习三

采用 SPSS 探索性分析功能，根据文件"2_15 噪声.xlsx"数据估计此地噪声的 95% 置信区间。

3.7　t 检验

3.7.1　参数检验与非参数检验

假设检验是一种重要的统计推断方法，用于判断样本统计量（均值、标准差等）对总体参数的某个假设是否成立。其基本原理是"小概率反证法"，首先提出原假设（即零假设，H_0）和备择假设（H_1），再以 H_0 为前提，根据数据的分布特征选择适当的统计量并计算其对应的概率，根据概率值判断是否发生了小概率事件，从而确定拒绝或接受 H_0（假设检验理论详见 2.8.1 节"假设检验"）。

假设检验包括参数检验和非参数检验两种方法：当数据的分布类型已知时采用参数检验，正态分布是最为重要的分布类型，许多统计分析方法要求数据符合正态分布；非参数检验则不依赖于总体分布类型，不需要假定数据来自特定的参数分布（如正态分布），它利用样本数据之间的大小或位置关系等特征对统计假设进行检验。

3.7.2　常用的 t 检验方法

t 检验是最为常用的参数检验方法，包括单样本 t 检验、两独立样本 t 检验和两相关（配对）样本 t 检验（方法的思路和作用详见 2.8.2 节"t 检验"）。SPSS 中的"比较平均值"菜单提供了 t 检验功能。

【例 3.9】 已知某地土壤 pH 服从正态分布。第二次土壤普查时测得土壤平均 pH 为 6.36，而近期抽样调查结果见"3_5 土壤 pH 调查数据.sav"，请分析近期抽样调查结果与第二次土壤普查时的结果是否存在显著差异。

解题方法：

(1) 由题目可知土壤 pH 服从正态分布，且需要检验样本（土壤 pH）对应的总体均值（μ）是否等于其他已知总体均值（$\mu_0 = 6.36$），可以采用单样本 t 检验。提出 $H_0: \mu = \mu_0$。

(2) 在 SPSS 菜单栏选择"分析"→"比较平均值"→"单样本 T 检验"（图 3.34），"土壤 pH"为检验变量，"检验值"为 6.36。点击"选项"，"置信区间百分比"默认为 95%，即均值差可信区间范围为 95%（$\alpha = 0.05$），点击"继续"，再点击"确定"。

(3) 分析结果包括三个表格（图 3.35）：

第一个表格输出一些描述统计结果，样本均值约为 6.05；

第二个表格输出 t 统计量及其双尾分布概率（P），$P = 0.025 < 0.05$，因此拒绝 H_0，近期抽样调查结果与第二次土壤普查的 pH 差异显著；

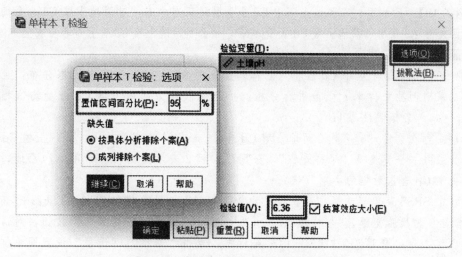

图 3.34　"单样本 T 检验"对话框设置

第三个表输出效应大小，t 统计量对应的概率可以说明均值之间有无差异，而效应量可以说明差异的大小。Cohen's d 是一种标准化的效应量，其绝对值越大，表示两组数据之间的差异幅度越大（即效应越强）。通常认为其绝对值在 0.2～0.5 之间为小效应，0.5～0.8 为中等效应，0.8 以上为大效应。但需注意，Cohen 未严格规定区间端点的归属（如 0.5 属于小效应还是中等效应），所研究的学科不同，效应大小界限有所差别，即效应大小的判断与研究领域和研究目的有关。另外，在使用 Cohen's d 衡量两组之间的差异时，样本量会影响分析结果，如对于小样本，即使效应量较大（如 Cohen's d＝0.8），仍可能无法通过显著性检验（$P＞0.05$）。Hedges 修正是根据样本量对 Cohen's d 的修正，在样本量较小时更为准确。效应大小是对均值差异的补充说明，后续将不再对相关结果进行解释。

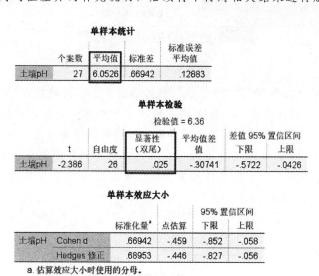

单样本统计

	个案数	平均值	标准差	标准误差平均值
土壤pH	27	6.0526	.66942	.12883

单样本检验

检验值 = 6.36

	t	自由度	显著性（双尾）	平均值差值	差值 95% 置信区间 下限	上限
土壤pH	-2.386	26	.025	-.30741	-.5722	-.0426

单样本效应大小

	标准化量[a]	点估算	95% 置信区间 下限	上限
土壤pH　Cohen d	.66942	-.459	-.852	-.058
Hedges 修正	.68953	-.446	-.827	-.056

a. 估算效应大小时使用的分母。
Cohen d 使用样本标准差。
Hedges 修正使用样本标准差，加上修正因子。

图 3.35　单样本 t 检验结果

（4）由于样本均值约为 6.05＜6.36，均值之间的差异接近中等，因此近期土壤 pH 相对于第二次土壤普查显著降低，土壤酸化情况更为严重。

【例 3.10】　已知甲、乙两地土壤中 Cd 含量服从正态分布，对两地土壤 Cd 含量的抽样调查结果见文件"3_6 甲乙两地土壤 Cd 含量.sav"，请分析两地土壤 Cd 含量是否存在显著差异。

解题方法：

（1）甲、乙两地土壤中 Cd 含量（总体均值分别为 μ_1 和 μ_2）服从正态分布，且相互独立，可以采用两独立样本 t 检验进行分析。提出原假设为两地土壤 Cd 含量均值相等，即 H_0：$\mu_1 = \mu_2$。备择假设为 H_1：$\mu_1 \neq \mu_2$。

（2）注意在文件"3_6 甲乙两地土壤 Cd 含量.sav"中数据的输入方式：土壤 Cd 含量为一个变量；另一个变量是"采样地点"，分别用 1 和 2 表示数据来源于甲地和乙地，实际上是标识土壤 Cd 含量数据的类别（组）。

（3）在 SPSS 菜单栏选择"分析"→"比较平均值"→"独立样本 T 检验"（图 3.36），"土壤 Cd 含量"为检验变量，"采样地点"为"分组变量"，点击"定义组"按钮，对话框中自动指定 1 和 2 为"组 1"和"组 2"的分组标志，点击"继续"，"选项"设置同单样本 t 检验，点击"确定"。

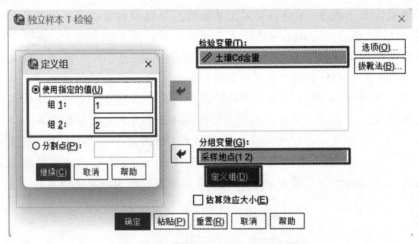

图 3.36　两独立样本 t 检验对话框设置

（4）分析结果中（图 3.37），"组统计"表格输出甲、乙两地样本 Cd 含量均值分别约为 1.27 和 1.50。在进行两独立样本 t 检验时需要进行方差齐性检验，以检查不同样本对应的总体方差是否相同（相等），方差相等和不等时 t 统计量的计算方法不同。SPSS 中两独立样本 t 检验采用莱文（Levene）检验，此检验方法可以对不同分布类型数据的方差齐性进行检验，其假设检验 H_0 为两个样本的总体均值相等，通过 F 统计量及其概率来检验原假设是否

组统计

	采样地点	个案数	平均值	标准差	标准误差平均值
土壤Cd含量	甲地	23	1.2674	.42553	.08873
	乙地	23	1.5004	.39895	.08319

独立样本检验

		莱文方差等同性检验		平均值等同性 t 检验					
		F	显著性	t	自由度	显著性（双尾）	平均值差值	标准误差差值	差值 95% 置信区间 下限	差值 95% 置信区间 上限
土壤Cd含量	假定等方差	.065	.800	-1.916	44	.062	-.23304	.12163	-.47816	.01208
	不假定等方差			-1.916	43.818	.062	-.23304	.12163	-.47819	.01211

图 3.37　两独立样本 t 检验分析结果

成立。本例分析结果"独立样本检验"表中莱文检验显著性（即概率）为 0.80＞0.05，所以两样本的总体方差相等。由于方差齐性检验结果为方差相等，因此需要采用"独立样本检验"表中"假定等方差"所在行的结果（若方差不齐，则采用"不假定等方差"行的结果），t 统计量对应的 $P=0.062＞0.05$，所以不能否定原假设，甲、乙两地 Cd 含量差异不显著。

【例 3.11】 在一项土壤污染调查中，从甲、乙两地各采样 100 个，甲地土壤中 Cd 含量均值为 0.89mg/kg，标准差为 0.23mg/kg；乙地土壤中 Cd 含量均值为 1.03mg/kg，标准差为 0.36mg/kg。若土壤中 Cd 含量服从正态分布，请分析甲、乙两地土壤中 Cd 含量是否有差异。

解题方法：

（1）本例中只有样本量、平均值和标准差，没有具体的样本值，可以用"摘要独立样本 T 检验"进行分析。

（2）在 SPSS 菜单栏选择"分析"→"比较平均值"→"摘要独立样本 T 检验"，在弹出的对话框中（如图 3.38）输入两个样本的信息，保持默认的 95％置信度。

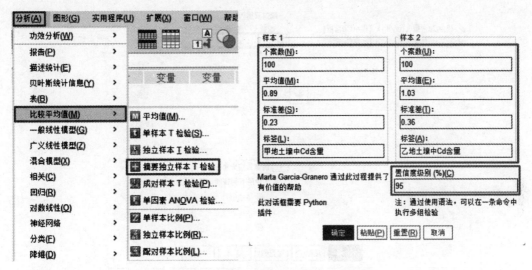

图 3.38　设置"摘要独立样本 T 检验"

（3）结果输出三个表，其中第二个表"独立样本检验"列出了方差相等与不相等时的 t 检验结果（图 3.39），要首先通过 Hartley 等方差检验判断方差齐性。Hartley 检验可以用于多组样本方差齐性的检验，用各组中最大的方差除以最小的方差得到一个 F 值，再通过 F 值判断方差齐性。本例中 Hartley 检验显著性明显小于 0.05，方差不齐，"不假定等方差"行中显著性为 $0.001＜0.05$，所以两地土壤中 Cd 含量差异显著。

独立样本检验

	平均值差值	标准误差差值	t	自由度	显著性（双尾）
假定等方差	-.140	.043	-3.277	198.000	.001
不假定等方差	-.140	.043	-3.277	168.277	.001

Hartley 等方差检验：F = 2.450，显著性 = 0.0000

图 3.39　摘要独立样本 t 检验结果

【例 3.12】 某种植物生长在被 Cd 污染的土壤上，其根和叶中 Cd 含量调查结果见文件"3_7 Cd 在根和叶中的含量.sav"。若根和叶中 Cd 含量差服从正态分布，请分析这种植物根和叶中 Cd 含量是否有差异。

解题方法：

（1）植物通过根系吸收了 Cd，并向其他部位运输，所以根和叶中 Cd 含量为配对样本。根和叶中 Cd 含量差服从正态分布，可以采用配对样本 t 检验进行分析。原假设为根和叶中 Cd 含量相等。

（2）"3_7 Cd 在根和叶中的含量.sav"中数据的输入方式与独立样本 t 检验不同，每株植物的根和叶是相对应的，在输入两个变量时顺序不能出错，每个个案代表一株植物根和叶中的 Cd 含量。

（3）在 SPSS 菜单栏选择"分析"→"比较平均值"→"成对样本 T 检验"（图 3.40），分别选择"根中 Cd 含量"和"叶中 Cd 含量"进入"配对变量"列表作为"变量 1"和"变量 2"。本例中只有两个变量，若有多个变量，在"配对变量"列表可以选择多对变量进行分析。"选项"设置与前两例相同。点击"确定"。

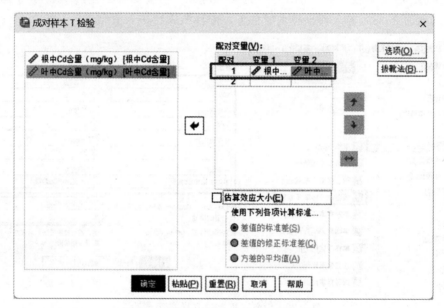

图 3.40   两配对样本 t 检验对话框设置

（4）输出结果有三个表格，其中第二个表为相关分析结果，其含义将在相关分析部分讲解。第一个表为描述统计结果（图 3.41），根和叶中 Cd 含量均值分别约为 0.84mg/kg 和

配对样本统计

		平均值	个案数	标准差	标准误差平均值
配对 1	根中Cd含量（mg/kg）	.8364	28	.04637	.00876
	叶中Cd含量（mg/kg）	.6596	28	.05210	.00985

配对样本检验

		配对差值						自由度	显著性（双尾）
		平均值	标准差	标准误差平均值	差值 95% 置信区间 下限	上限	t		
配对 1	根中Cd含量（mg/kg）- 叶中Cd含量（mg/kg）	.17679	.07288	.01377	.14853	.20505	12.836	27	<.001

图 3.41   两配对样本 t 检验分析结果

0.66mg/kg。"配对样本检验"表中 $P<0.001$，所以根中 Cd 含量与叶中 Cd 含量差异显著，根中 Cd 含量均值显著高于叶。

练习四

已知 A 农田土壤中 Zn 含量服从正态分布，现采集 27 个土壤样品，并用某种方法（方法 1）测定土壤中 Zn 含量，结果见文件 "3_8 土壤 Zn 测定数据.xlsx"。请回答以下问题：

（1）已知此地土壤中 Zn 背景值为 127.53mg/kg，请分析 A 农田土壤中 Zn 含量是否等于背景值。

（2）若采用另一种方法（方法 2）测定以上样品中的 Zn 含量，两种方法测定结果是否有差异？

（3）在 B 农田采集了 33 个土壤样品，并用方法 1 测定了其中 Zn 含量，A、B 农田土壤 Zn 含量是否有差异？

3.8　方差分析

在实验设计或调查分析某事物时，往往希望知道哪些影响因素（自变量）对观察结果（因变量）产生显著影响，方差分析是用于检验一个或多个影响因素的不同水平下，三个或更多组数据均值是否存在显著差异的统计推断方法。差异显著性的判断中，需要将观测数据的总变异分解为由自变量不同水平引起的变异和由随机误差引起的变异两部分，通过比较这两部分变异的大小，来判断自变量不同水平是否对因变量产生显著影响（方差分析理论详见 2.9.1 节"方差分析基本概念"）。

方差分析具有多种类型：根据自变量的数量，可以分为单因素方差分析和多因素方差分析；根据因变量的数量，可以分为一元方差分析和多元方差分析；此外，在不同因素影响条件下对一组观测对象进行多次测量，可以采用重复测量方差分析。SPSS 中这些方差分析方法可以用"分析"菜单中的"单因素 ANOVA 检验"［ANOVA 即 Analysis of Variance（方差分析）］和"一般线性模型"功能实现。

3.8.1　单因素方差分析

单因素方差分析研究一个控制变量的不同水平对观测变量的影响是否显著。其应用条件为各组观察值相互独立，各水平下的总体服从正态分布且方差相等。单因素方差分析的方差分解模型和假设检验思路详见 2.9.3 节"单因素方差分析"。

【例 3.13】　在一片被 As 污染的土地上种植四种植物，以提取土壤中的 As，每种植物进行五个重复实验。种植一年后土壤中 As 含量见文件 "3_9 土壤 As 含量数据.sav"，请分析种植四种植物后土壤 As 含量是否有差异。

解题方法：

（1）提出原假设：各观测样本对应的总体均值相等。

（2）打开文件"3_9 土壤 As 含量数据 . sav"，选择"分析"→"比较均值"→"单因素 ANOVA 检验"，在弹出的对话框（图 3.42）中将"植物品种"作为"因子"（自变量），将"As 含量"选入"因变量列表"。点击"选项"按钮，勾选"描述"和"方差齐性检验"，点击"继续"，点击"确定"。

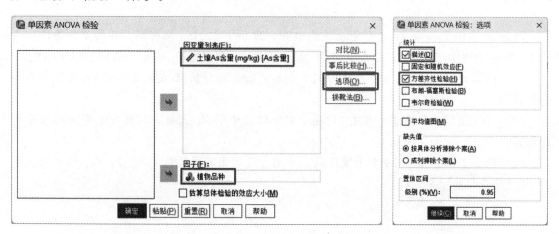

图 3.42　单因素方差分析对话框及设置

（3）在输出的"描述"结果中（图 3.43），列出了种植每种植物后土壤中 As 含量的平均值。SPSS 采用 Levene（莱文）检验进行方差齐性检验。Levene 检验是将每组观测值先转换为其与组内集中趋势指标（如均值）的偏离程度（差值的绝对值），然后再用转换后的数据做方差分析，利用 F 检验判断方差齐性。Levene 检验既可以用于正态分布的数据，也可以用于非正态分布的数据。当数据符合正态分布时，一般用均值进行数据转换；当数据呈偏态分布时，可以采用中位数进行数据转换。"方差齐性检验"表中"基于平均值"的检验结果为 $P=0.856>0.05$，所以数据满足方差相等的要求。"ANOVA"结果中显著性<0.001，

描述

土壤As含量(mg/kg)

	N	平均值	标准差	标准误差	平均值的95% 置信区间 下限	上限	最小值	最大值
品种1	5	31.460	1.2876	.5758	29.861	33.059	29.6	32.8
品种2	5	29.560	1.4639	.6547	27.742	31.378	27.9	31.2
品种3	5	27.320	1.6346	.7310	25.290	29.350	25.1	29.1
品种4	5	26.460	1.7855	.7985	24.243	28.677	24.3	28.5
总计	20	28.700	2.4606	.5502	27.548	29.852	24.3	32.8

方差齐性检验

		莱文统计	自由度 1	自由度 2	显著性
土壤As含量 (mg/kg)	基于平均值	.255	3	16	.856
	基于中位数	.263	3	16	.851
	基于中位数并具有调整后自由度	.263	3	15.416	.851
	基于剪除后平均值	.262	3	16	.852

ANOVA

土壤As含量 (mg/kg)

	平方和	自由度	均方	F	显著性
组间	76.396	3	25.465	10.544	<.001
组内	38.644	16	2.415		
总计	115.040	19			

图 3.43　单因素方差分析结果

说明种植四种植物后土壤中 As 含量差异显著，因此拒绝原假设。

（4）"ANOVA"结果中显著性<0.001，说明至少有两组观测数据均值差异显著，为了确定哪些组之间存在显著差异，需要进行多重比较。在图 3.42 所示对话框中点击"事后比较"，在弹出的对话框中"假定等方差"下勾选"LSD"，点击"继续"（图 3.44）。

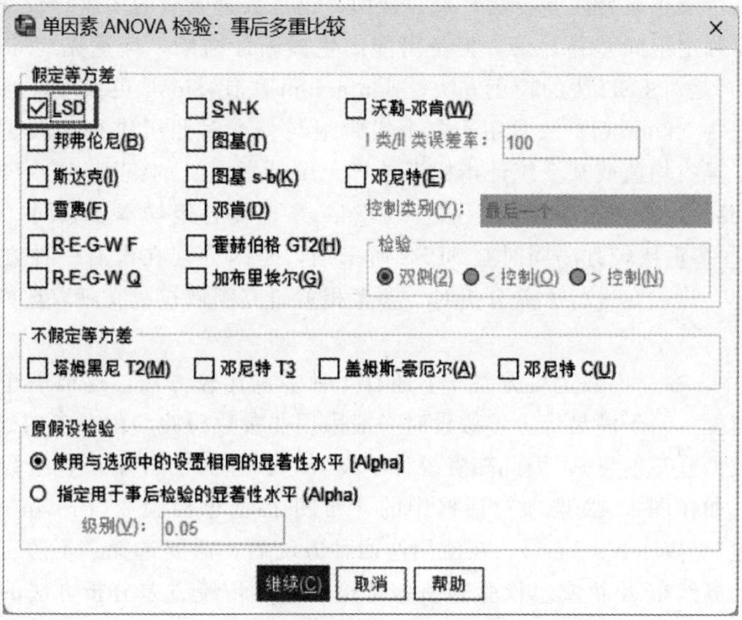

图 3.44　选择多重比较方法

（5）在输出窗口中得到多重比较分析结果（图 3.45）。LSD 法会对所有组进行两两比较，如：在种植品种 1 和品种 2 植物后，土壤中 As 含量均值差为 1.9，显著性为 0.071>0.05，所以这两组均值差异不显著；种植品种 3 和品种 1 植物后，土壤中 As 含量均值差为 -4.14（种植品种 3 后土壤 As 含量均值小于种植品种 1），显著性为<0.001，这两组均值差

多重比较

因变量：土壤As含量 (mg/kg)
LSD

(I) 植物品种	(J) 植物品种	平均值差值 (I-J)	标准误差	显著性	95% 置信区间 下限	上限
品种1	品种2	1.9000	.9829	.071	-.184	3.984
	品种3	4.1400*	.9829	<.001	2.056	6.224
	品种4	5.0000*	.9829	<.001	2.916	7.084
品种2	品种1	-1.9000	.9829	.071	-3.984	.184
	品种3	2.2400*	.9829	.037	.156	4.324
	品种4	3.1000*	.9829	.006	1.016	5.184
品种3	品种1	-4.1400*	.9829	<.001	-6.224	-2.056
	品种2	-2.2400*	.9829	.037	-4.324	-.156
	品种4	.8600	.9829	.395	-1.224	2.944
品种4	品种1	-5.0000*	.9829	<.001	-7.084	-2.916
	品种2	-3.1000*	.9829	.006	-5.184	-1.016
	品种3	-.8600	.9829	.395	-2.944	1.224

*. 平均值差值的显著性水平为 0.05。

图 3.45　LSD 多重比较结果

异具有统计学意义，均值差上的星号表示 P 小于显著性水平 α（0.05）。四组之间两两比较结果表明种植植物品种 1 和 2 后，土壤 As 含量差异不显著；同样，种植品种 3 和 4 后结果差异不显著，且土壤 As 含量显著低于种植品种 1 和 2 后土壤 As 含量。

在图 3.44 中，在"假定等方差"下共有 14 种多重比较方法，其中 LSD（Least-Significance Difference，最小显著性差异法）最为常用，也是最为灵敏的多重比较方法，比其他多重比较方法更易判定组间差异显著，但是可能产生假阳性结果。斯达克（Sidak）和邦弗伦尼（Bonferroni）是对 LSD 法的校正方法，Bonferroni 法比 Sidak 更保守，通常在样本量较小时应用。邓尼特（Dunnet）法常用于多个实验组与一个对照组进行比较。此外，一些多重比较方法用于寻找均值或某个统计指标上差异无统计学意义的组别集合（同质亚组），包括 S-N-K（Student-Newman-Keuls）、图基（Tukey。需要各组样本量相同）和邓肯（Duncan）法等。这些多重比较方法同时被 SPSS 所采纳，是因为现在没有一种方法能够完美解决多重比较问题。建议在进行方差分析时，参考相关研究领域权威文献以选择适当多重比较方法。

在图 3.44 中，在"不假定等方差"下还有 4 种多重比较方法，这似乎违反了方差分析应用的等方差前提。当不满足等方差假设时一般采用非参数检验，但非参数检验会损失许多数据信息（如数据分布信息），因此随着统计学发展，一些方法被用于各组数据方差不相等时的方差分析，如在图 3.42 选项对话框中的"布朗-福塞思检验"（Brown-Forsythe Test）和"韦尔奇检验"（Welch's Test），在使用这两种方法后，需要选择"不假定等方差"下的多重比较方法。虽然布朗-福塞思检验和韦尔奇检验是对传统方差分析方法的改进，不要求方差齐性，但是当数据分布类型不明，或严重偏离正态分布，且样本量较小时，仍然建议使用非参数检验。

3.8.2　双因素方差分析

双因素方差分析是最简单的多因素方差分析，用于研究两个定类变量（自变量）对一个连续变量（因变量）的影响是否显著。

当存在两个及以上自变量时，自变量对因变量的影响会因为交互作用的存在而变得复杂。交互作用指多个自变量不同水平的组合对因变量产生的影响，即在一个自变量的不同水平下，另一个自变量对因变量的效应明显不同。此时，两个自变量并非独立地影响因变量，不能单独研究产生交互作用的自变量对因变量的影响效应。在进行单因素方差分析时，可以将总变异离均差平方和（SST）分解为组间差异离均差平方和（SSA）和组内差异离均差平方和（SSE）两部分，即：

$$SST = SSA + SSE$$

而对于双因素方差分析，其方差分解模型为：

$$SST = SSA + SSB + SSAB + SSE$$

式中，SSA 和 SSB 分别为两个自变量不同水平下因变量均值的差异；SSAB 为两个自变量交互作用对因变量组间均值差异的影响。

应用双因素方差分析，需要数据满足以下条件：

（1）独立性：样本数据之间应相互独立。

（2）正态性：各观测数据总体服从正态分布。

（3）方差齐性：各观测数据总体应满足方差齐性。

【例 3.14】　在含 Cd 的培养基质上种植水稻，不同光照时间和基质 pH 对水稻 Cd 含量影响结果见文件"3_10 光照时间和 pH 对水稻 Cd 含量影响.sav"，请分析光照时间和基质 pH 对水稻 Cd 含量的影响。

解题方法：

（1）打开文件"3_10 光照时间和 pH 对水稻 Cd 含量影响.sav"，选择菜单栏"分析"→"一般线性模型"→"单变量"，在弹出的"单变量"对话框中（图 3.46），将"光照时间"和"pH"选入"固定因子"（自变量），将"水稻 Cd 含量"选入"因变量"。点击"图"可以选择绘制轮廓图，展示不同组别均值的变化情况。将"光照时间"选入"水平轴"，点击"添加"按钮，则"图"列表中出现"光照时间"，分析结果中将绘制各水平"光照时间"下水

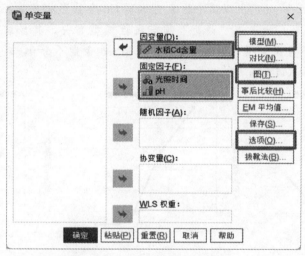

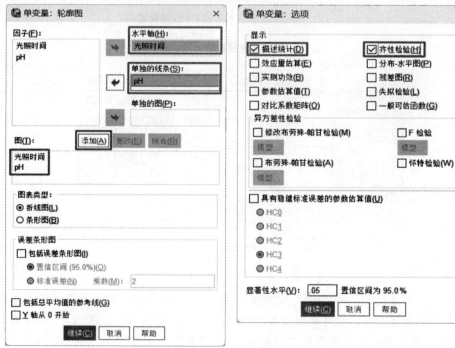

图 3.46　双因素方差分析对话框设置

稻 Cd 含量平均值的轮廓图；同样选择绘制"pH"轮廓图。再将"光照时间"选入"水平轴"，同时"pH"选入"单独的线条"，点击"添加"，点击"继续"关闭对话框。"模型"选项可以设置方差分解模型，暂不修改。点击"选项"按钮，勾选"描述统计"和"齐性检验"，点击"继续"。点击"确定"。

（2）分析结果输出多个表格，"主体间因子"输出因素每个水平对应的样本量；"误差方差的莱文等同性检验"结果显著性＞0.05，说明方差齐。"描述统计"表输出不同水平下的均值和标准差；"轮廓图"中则以折线图展示因素不同水平下水稻 Cd 含量均值（图 3.47），其中光照时间对 pH 的轮廓图中，仅 pH 为 7 和 8 时折线相交，说明两个因变量之间的交互作用较弱。在"主体间效应检验"结果（图 3.48）中，"光照时间"和"pH"两个因素的 F 检验均为显著性＜0.001，而两者的交互作用"光照时间 * pH"的显著性＞0.05，所以两个因素对水稻 Cd 含量影响显著，而其交互作用影响不显著。此表中"截距"项与线性模型有关，其显著性＜0.001 只是说明在不考虑光照时间和 pH 时，水稻 Cd 含量不为 0，对于两个因素是否影响水稻 Cd 含量没有实际意义。

彩图

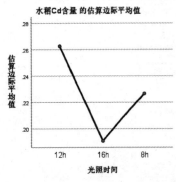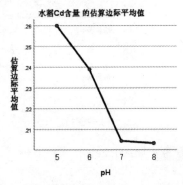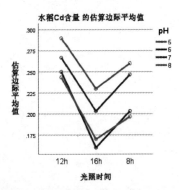

图 3.47　不同因素水平下水稻 Cd 含量轮廓图

主体间效应检验

因变量: 水稻Cd含量

源	III类平方和	自由度	均方	F	显著性
修正模型	.053ª	11	.005	38.400	<.001
截距	1.850	1	1.850	14796.800	<.001
光照时间	.031	2	.015	123.267	<.001
pH	.021	3	.007	55.170	<.001
光照时间 * pH	.001	6	.000	1.726	.158
误差	.003	24	.000		
总计	1.905	36			
修正后总计	.056	35			

a. R 方 = .946（调整后 R 方 = .922）

图 3.48　方差分析结果

（3）由于"光照时间"和"pH"的交互作用对水稻 Cd 含量影响不显著，可以考虑从方差分解模型中去除交互项，此时模型变为 SST＝SSA＋SSB＋SSE。在图 3.46 对话框中点击"模型"按钮，在模型对话框中选择"构建项"，在"类型"下拉列表中选择"主效应"，将"光照时间"和"pH"选入"模型"列表中，点击"继续"（图 3.49）。点击"事后比较"，选择"光照时间"进行多重比较，当然如果需要，还可以选择"pH"，多重比较方法选择"LSD"，点击"继续"（图3.50）。点击"确定"。

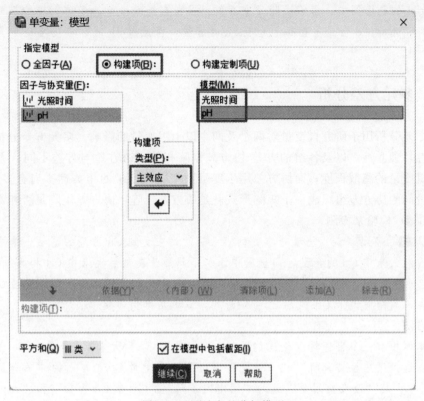

图 3.49　更改方差分解模型

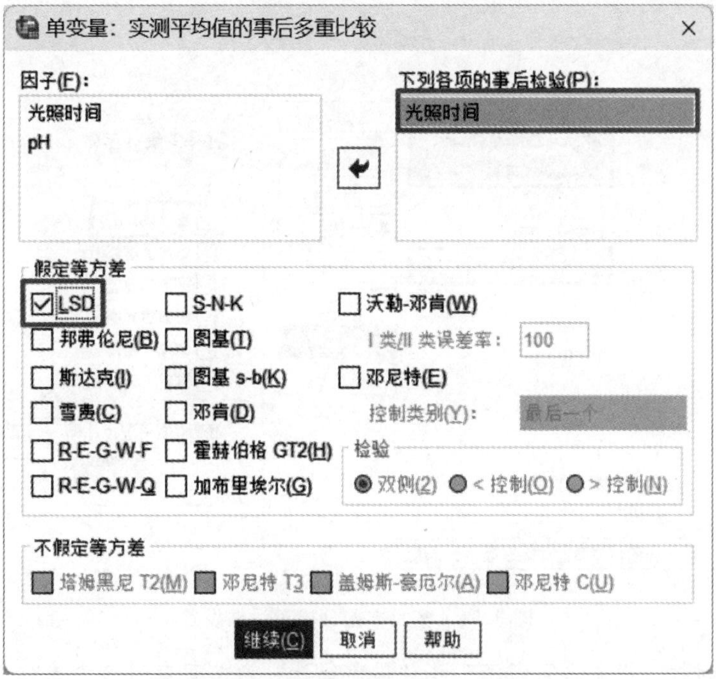

图 3.50　选择多重比较方法

（4）分析结果中"误差方差的莱文等同性检验"结果仍为方差齐。在模型中去除交互项之后，"主体间效应检验"结果中因素的 F 统计量有所变化，但是显著性还是＜0.001。光照时间对 pH 的轮廓图中，由于去除了交互作用，所有折线平行。多重比较结果显示，在光照 12h 条件下水稻 Cd 含量显著高于光照 8h 时含量，而光照 8h 时含量显著高于光照 16h 时水稻 Cd 含量。

3.8.3　多元方差分析

多元方差分析用于研究自变量对两个及两个以上因变量的影响。多元方差分析需要数据满足正态性、独立性，以及各组的方差-协方差矩阵相等。协方差与方差不同：方差用于描述一个随机变量的离散程度，而协方差用于度量两个随机变量的相关性。当有多个变量时，将各个变量间的协方差组织成一个矩阵形式就是协方差矩阵，协方差矩阵是否相等可以通过博克斯（Box）检验来检测。

【例 3.15】　富硒（Se）土壤是宝贵的农业资源，在受到 Cd 污染的富硒土壤中使用某改良剂，以控制大米中 Cd 的含量，向土壤中添加不同量改良剂后大米中 Cd 和 Se 含量见文件"3_11 大米 Cd 和 Se 含量.sav"。我国食品卫生标准规定大米 Cd 含量不得超过 0.2mg/kg，请分析改良剂用量对大米 Cd 和 Se 含量的影响，以及应如何确定改良剂用量。

解题方法：

（1）本例中有一个自变量（改良剂用量，4 水平），以及大米 Cd 含量和 Se 含量两个因变量，所以选择菜单栏"分析"→"一般线性模型"→"多变量"，在弹出的"多变量"对话框（图 3.51）中，将"改良剂用量"选入"固定因子"，将"大米 Cd 含量"和"大米 Se 含量"选入"因变量"。点击"选项"按钮，勾选"描述统计"和"齐性检验"，点击"继续"。点击"确定"（此处可以自行添加轮廓图）。

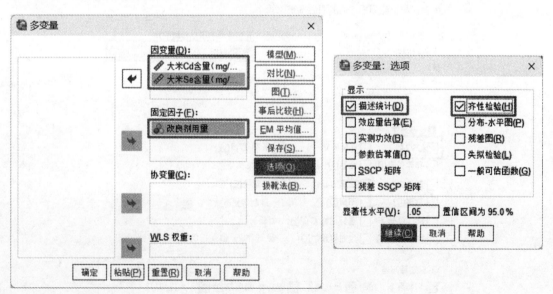

图 3.51　多元方差分析对话框设置

（2）分析结果中，"主体间因子"和"描述统计"意义同双因素方差分析。"协方差矩阵的博克斯等同性检验"结果为显著性＞0.05，说明协方差矩阵相等，符合多元方差分析应用条件（图3.52）。"多变量检验"表中列出了用4种方法计算得到的多元方差分析结果（图3.53），其中比莱（Pillai）轨迹结果相对比较稳健。本例中4种方法结果都为$P<0.001$，说明改良剂的不同水平对大米中Cd和Se含量影响显著。"主体间效应检验"结果（图3.54）表明，"改良剂用量"对"大米Cd含量"影响显著（$P<0.001$），而对"大米Se含量"的影响不显著（$P>0.05$）。

（3）进一步分析改良剂用量不同时大米Cd含量的差异。在上一步分析结果中"误差方差的莱文等同性检验"结果表明因变量方差齐，可以在"事后比较"中选择"改良剂用量"进行多重比较，多重比较方法选择"LSD"。多重比较结果表明使用200kg和300kg改良剂时大米Cd含量差异不显著，且这两组观测值明显低于使用50kg和100kg时大米Cd含量。

协方差矩阵的博克斯等同性检验[a]

博克斯 M	6.718
F	.610
自由度1	9
自由度2	4583.923
显著性	.789

检验"各个组的因变量实测协方差矩阵相等"这一原假设。

a. 设计: 截距 + 改良剂用量

图 3.52　协方差矩阵齐性检验

多变量检验[a]

效应		值	F	假设自由度	误差自由度	显著性
截距	比莱轨迹	.995	1941.177[b]	2.000	19.000	<.001
	威尔克 Lambda	.005	1941.177[b]	2.000	19.000	<.001
	霍特林轨迹	204.334	1941.177[b]	2.000	19.000	<.001
	罗伊最大根	204.334	1941.177[b]	2.000	19.000	<.001
改良剂用量	比莱轨迹	.944	5.954	6.000	40.000	<.001
	威尔克 Lambda	.067	18.157[b]	6.000	38.000	<.001
	霍特林轨迹	13.797	41.391	6.000	36.000	<.001
	罗伊最大根	13.786	91.906[c]	3.000	20.000	<.001

a. 设计: 截距 + 改良剂用量

b. 精确统计

c. 此统计是生成显著性水平下限的 F 的上限。

图 3.53　多元方差分析结果

主体间效应检验

源	因变量	III类平方和	自由度	均方	F	显著性
修正模型	大米Cd含量 (mg/kg)	.107[a]	3	.036	90.881	<.001
	大米Se含量 (mg/kg)	.019[b]	3	.006	1.039	.397
截距	大米Cd含量 (mg/kg)	.972	1	.972	2476.529	<.001
	大米Se含量 (mg/kg)	10.023	1	10.023	1622.994	<.001
改良剂用量	大米Cd含量 (mg/kg)	.107	3	.036	90.881	<.001
	大米Se含量 (mg/kg)	.019	3	.006	1.039	.397
误差	大米Cd含量 (mg/kg)	.008	20	.000		
	大米Se含量 (mg/kg)	.124	20	.006		
总计	大米Cd含量 (mg/kg)	1.087	24			
	大米Se含量 (mg/kg)	10.166	24			
修正后总计	大米Cd含量 (mg/kg)	.115	23			
	大米Se含量 (mg/kg)	.143	23			

a. R 方 = .932（调整后 R 方 = .921）

b. R 方 = .135（调整后 R 方 = .005）

图 3.54　自变量对两个因变量影响的显著性

（4）由以上分析可以得出结论：使用土壤改良剂后，大米中 Cd 含量显著下降，而有益元素 Se 含量保持不变。当改良剂用量为 200kg 和 300kg 时，大米 Cd 含量下降到 0.2mg/kg 以下（描述统计结果），且两个水平下大米 Cd 含量差异不显著。从经济性和食品安全性考虑，可以采用 200kg 改良剂。

3.8.4　重复测量方差分析

在调查研究中，有时需要在不同时间或条件下对同一观察对象的某个指标进行多次测量，以确定时间或特定条件对观测指标的影响。由于观测的指标来源于同一对象，因此观测组间具有一定的联系，相当于对多组配对样本进行分析。若观测数据满足正态性，可以考虑使用重复测量方差分析方法。重复测量方差分析需要进行球形度检验（如 Mauchly 检验），即检验同一个组内，重复测量因子不同水平之间的协方差矩阵是否满足球形性质，具体表现为所有成对水平之间差值的方差相等。若球形假设不满足，需要进行校正，以保证重复测量方差分析结果可靠。

【例 3.16】 向某污水样品中投入一定量水处理剂，之后 0.5h、1h、2h、3h 时分别测定水样的浊度，结果见文件"3_12 重复测量水样浊度.sav"。请分析不同时间水样浊度的变化是否显著。

解题方法：

（1）选择菜单栏"分析"→"一般线性模型"→"重复测量"，在弹出的"重复测量定义因子"对话框（图 3.55）中，在"级别数"后定义所分析因子的名称和级别，本例研究的是 4 个时间对浊度的影响，所以因子填入"time"，级别为"4"，点击"添加"按钮加入列表，点击"定义"。

（2）在"重复测量"对话框（图 3.56）中，将 4 个变量选入"主体内变量"列表。本例中的因子只有时间，需要进行组内比较，点击"EM 平均值"按钮，选择"time"作为分析变量，并勾选"比较主效应"，比较的方法有 LSD、邦弗伦尼和斯达克，此处保持默认的 LSD 法，点击"继续"。点击"确定"。（本例中如果有其他的因变量，如水处理剂的用量、温度等，可以将其选入"主体间因子"列表，其余分析可以参照多因素方差分析方法。）

（3）输出的结果中，如果数据满足球形假设，则采用"主体内效应检验"表中"假设球形度"后的结果（图 3.57）。本例中"Mauchly 球形度检验"结果为 $P < 0.001$（图 3.58），即数据不满足球形假设，因此需要采用"多变量检验"表中的多元方差分析结果（图 3.59），$P < 0.001$，表明时间对水样浊度影响显著。数据不满足球形假设时也可以采用"主体内效应检验"的校正结果，推荐采用格林豪斯-盖斯勒（Greenhouse-Geisser）校正方法结果，但是如果校正结果与多元方差分析结果不符，要采用多元方差分析结果。

（4）"成对比较"表中展示了不同时间水样浊度的差异：1h 和 2h 的测定结果无显著差异，且显著低于 0.5h 的浊度；4h 时水样浊度显著低于其他时间测定结果。

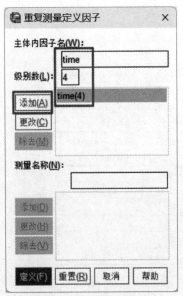

图 3.55　定义重复测量因子

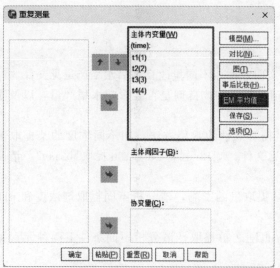
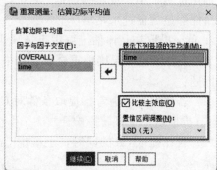

图 3.56 重复测量对话框设置

主体内效应检验

测量: MEASURE_1

源		III 类平方和	自由度	均方	F	显著性
time	假设球形度	48.884	3	16.295	243.305	<.001
	格林豪斯-盖斯勒	48.884	1.930	25.331	243.305	<.001
	辛-费德特	48.884	2.144	22.802	243.305	<.001
	下限	48.884	1.000	48.884	243.305	<.001
误差 (time)	假设球形度	3.817	57	.067		
	格林豪斯-盖斯勒	3.817	36.667	.104		
	辛-费德特	3.817	40.734	.094		
	下限	3.817	19.000	.201		

图 3.57 主体效应检测结果

Mauchly 球形度检验[a]

测量: MEASURE_1

主体内效应	Mauchly W	近似卡方	自由度	显著性	Epsilon[b] 格林豪斯-盖斯勒	辛-费德特	下限
time	.013	77.398	5	<.001	.643	.715	.333

检验"正交化转换后因变量的误差协方差矩阵与恒等矩阵成比例"这一原假设。

a. 设计: 截距
   主体内设计: time

b. 可用于调整平均显著性检验的自由度。修正检验将显示在"主体内效应检验"表中。

图 3.58 球形度检验结果

多变量检验[a]

效应		值	F	假设自由度	误差自由度	显著性
time	比莱轨迹	.982	304.535[b]	3.000	17.000	<.001
	威尔克 Lambda	.018	304.535[b]	3.000	17.000	<.001
	霍特林轨迹	53.741	304.535[b]	3.000	17.000	<.001
	罗伊最大根	53.741	304.535[b]	3.000	17.000	<.001

a. 设计: 截距
   主体内设计: time

b. 精确统计

图 3.59 多元方差分析结果

练习五

1. 在一片被污染农田上开展土壤修复实验，添加不同量改良剂后水稻产量见文件"2_25 改良剂用量对水稻产量影响数据.xlsx"，请分析添加改良剂是否会影响水稻产量，以及哪个添加量能够显著促进水稻增产。

2. 单一提取法是评估土壤中重金属生物有效性的常用方法，用不同浓度的某提取剂在不同 pH 条件下提取土壤中重金属，结果见文件"3_13 土壤 Cd 和 Cu 提取量.sav"。请回答以下问题：

（1）若研究目的为考察提取条件对 Cd 提取量的影响，请分析不同提取剂浓度和 pH 是否对 Cd 提取量产生显著影响。

（2）若在提取 Cd 的同时，土壤中 Cu 也随之被提取，请分析不同条件下两种元素提取量的差异。

3. 为考察温度对土壤呼吸速率的影响，测定了不同温度下土壤呼吸速率［单位：μmol $CO_2/(m^2 \cdot S)$］，结果见文件"3_14 土壤呼吸速率.sav"，请分析不同温度下土壤呼吸速率的差异。

3.9　非参数检验

3.9.1　数据分布检验

应用 t 检验和方差分析等参数检验方法时，要求数据符合或近似符合正态分布，当数据不符合正态分布或分布类型不清时，需要采用非参数检验方法。因此数据分布类型是选择统计方法的重要依据，采用频数分布分析、箱图和描述统计结果可以定性判断数据是否符合正态分布，而通过假设检验则能够定量判断数据分布类型，K-S 检验（Kolmogorov-Smirnova test，柯尔莫戈洛夫-斯米诺夫检验）就是常用方法之一。

K-S 检验是一种非参数检验，用于验证样本数据是否来源于特定的概率分布。其假设检验基本过程：提出原假设为样本数据来自某一特定分布，将样本数据的累积分布与特定理论分布进行比较，求出二者的最大绝对差值（D 统计量），并基于 D 值和样本量计算概率值，将概率值与显著性水平进行对比，从而判断原假设是否成立。

【例 3.17】 采用假设检验分析文件"2_15 噪声.xlsx"中噪声数据是否符合正态分布。

解题方法：

方法一：

（1）根据文件"2_15 噪声.xlsx"建立 SPSS 数据文件，变量名为"噪声"。

（2）选择菜单栏"分析"→"非参数检验"→"旧对话框"→"单样本 K-S"，在弹出的对话框中选择"噪声"作为分析变量，在"检验分布"下勾选"正态"（此处可以同时选择多种分布类型进行检验），其他保持默认，点击"确定"（图 3.60）。

（3）输出的结果中有两个概率值（图 3.61），其中的"渐进显著性"（即渐近显著性）是当样本量较大时，通过柯尔莫戈洛夫渐进分布计算的近似概率值，用以提高计算效率。一

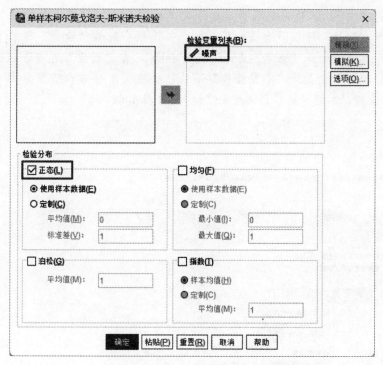

图 3.60　单样本 K-S 检验对话框

般单样本 K-S 检验适用于较大样本的检验，SPSS 中进行了里利氏（Lilliefors）显著性修正，使单样本 K-S 检验适用于较小样本的检验。蒙特卡洛法（Monte Carlo method）是一种基于多次随机抽样的数值计算方法，SPSS 默认进行 10000 次随机抽样并进行计算，此法得到的概率值虽然也是近似值，但是已经与精确概率非常接近。本例中两个概率值均＞0.05，说明噪声数据符合正态分布。

单样本柯尔莫戈洛夫-斯米诺夫检验

		噪声
N		100
正态参数[a,b]	平均值	68.99
	标准差	6.914
最极端差值	绝对	.087
	正	.072
	负	-.087
检验统计		.087
渐近显著性（双尾）[c]		.061
蒙特卡洛显著性（双尾）[d]	显著性	.064
	99% 置信区间　下限	.058
	上限	.071

a. 检验分布为正态分布。
b. 根据数据计算。
c. 里利氏显著性修正。
d. 基于 10000 蒙特卡洛样本且起始种子为 926214481 的里利氏法。

图 3.61　单样本 K-S 检验结果

方法二：

（1）"非参数检验"中"旧对话框"以外的功能可以根据数据特征自动选择或自定义非

参数检验方法。建立 SPSS 数据文件后，选择菜单栏"分析"→"非参数检验"→"单样本"，在弹出的对话框"目标"标签下选择分析目的，其选项会随着"设置"标签下的选择而变化。在"字段"标签下选择"噪声"进入"检验字段"，在"设置"标签下保持默认的"根据数据自动选择检验"或点选"定制检验"下的"检验实测分布和假设分布（柯尔莫戈洛夫-斯米诺夫检验）"，本例保持默认，点击"运行"（图 3.62）。

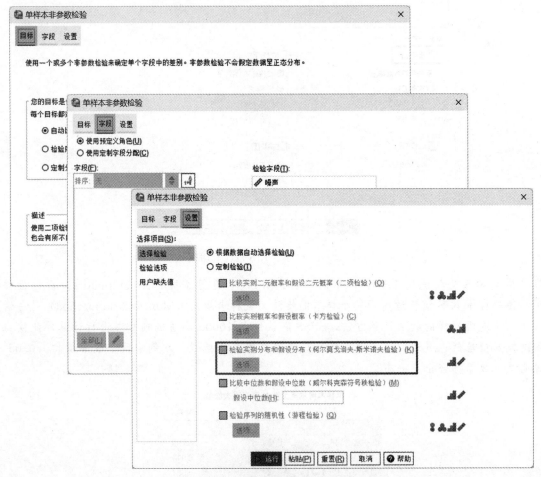

图 3.62　单样本非参数检验对话框

（2）输出的结果中自动选择了单样本 K-S 检验，但是只输出了渐进显著性结果，与方法一分析结果相同。

单样本 K-S 检验一般需要样本量充足，而如果样本量较小，可以采用夏皮洛-威尔克（Shapiro-Wilk）检验，此法需要：8≤样本量≤50。

【例 3.18】　采用假设检验分析文件"3_5 土壤 pH 调查数据.sav"中 pH 数据是否符合正态分布。

解题方法：

（1）pH 样本量为 27，考虑采用夏皮洛-威尔克检验。

（2）选择"分析"→"描述统计"→"探索"，将"土壤 pH"选入"因变量列表"，本例只需要正态性检验结果，因此在"探索"对话框中"显示"下选择"图"。再点击"图"按钮，只选择"含检验的正态图"，点击"继续"，点击"确定"（图 3.63）。

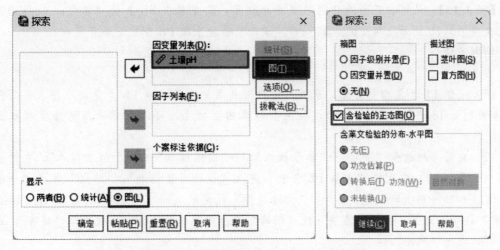

图 3.63　采用探索性分析进行正态性检验

（3）输出的结果中（图 3.64），"正态性检验"表中列出了夏皮洛-威尔克检验结果，$P=0.155>0.05$，所以 pH 数据符合正态分布。

正态性检验

	柯尔莫戈洛夫-斯米诺夫[a]			夏皮洛-威尔克		
	统计	自由度	显著性	统计	自由度	显著性
土壤pH	.158	27	.082	.944	27	.155

a. 里利氏显著性修正

图 3.64　探索性分析输出的正态性检验结果

注意，分析结果中同时输出了土壤 pH 的 Q-Q 图，与之相似的还有 P-P 图，二者分别基于数据的分位数和累积概率进行数据可视化，如果数据点基本沿着对角线（参考线）排布，则数据可能符合指定的理论分布（如正态分布）。Q-Q 图和 P-P 图可以用"分析"→"描述统计"→"P-P 图/Q-Q 图"实现，默认选项即为正态性检验，读者可以自行练习。

另外，夏皮洛-威尔克检验不适用于样本量很大的情况，当样本量>5000 时，探索性分析的正态性检验将只输出单样本 K-S 检验结果。

3.9.2　秩和检验

秩和检验是非参数检验的重要方法，不依赖于总体分布的具体形式，适用于非正态分布或分布类型未知的数据，以及测量尺度为有序（等级）型数据的分析。其基本原理是将数据进行排序，根据数据的大小或位置信息计算秩次，并采用秩次构造假设检验的统计量。秩和检验主要利用数据本身的顺序信息，即使数据两端存在不确定值或者异常值也可以使用，是适应性广且稳健的分析方法；但相对于参数检验方法，其检验效能较低，即秩和检验可能无法准确识别出真实存在的差异，从而增加了接受错误原假设（第二类错误）的风险。

秩和检验方法包括曼-惠特尼 U 检验（Mann-Whitney U test）、威尔科克森（Wilcoxon）符号秩和检验、克鲁斯卡尔-沃利斯（Kruskal-Wallis）检验和弗里德曼（Friedman，也译为傅莱德曼）检验等，这些方法通常分别用于两独立样本、两相关样本及单样本、多个独立样本和多个相关样本的非参数检验。

【例 3.19】 从甲、乙两地分别采集土壤样品，测定其中 Pb 含量（单位：mg/kg），结果见文件"3_15 两地土壤 Pb 含量.sav"，请分析两地土壤 Pb 含量是否有差异。

解题方法：

方法一：

（1）土壤 Pb 含量相差悬殊，采用探索性分析得到两地土壤 Pb 含量均不符合正态分布（请参照例 3.18，本例略去过程），且两个样本相互独立，可以考虑采用两独立样本秩和检验。

（2）在菜单栏选择"分析"→"非参数检验"→"旧对话框"→"2 个独立样本"，在弹出的对话框（图 3.65）中选择"土壤 Pb 含量"进入"检验变量列表"，"地点"作为"分组变量"且 1 和 2 分别代表甲地和乙地。"检验类型"保持默认的"曼-惠特尼 U"。还可以点击"精确"按钮，选择"蒙特卡洛法"或"精确"求出概率的精确值，此例选择"精确"，点击"继续"，点击"确定"。

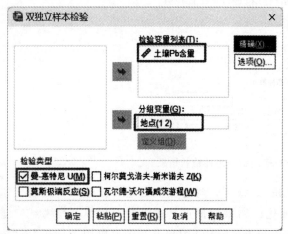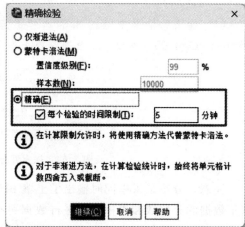

图 3.65　两独立样本非参数检验对话框

（3）输出的结果中（图 3.66），"秩"表中列出了甲、乙两地的样本量、秩和及秩平

秩

	地点	N	秩平均值	秩的总和
土壤Pb含量	甲地	21	22.43	471.00
	乙地	28	26.93	754.00
	总计	49		

检验统计ᵃ

	土壤Pb含量
曼-惠特尼 U	240.000
威尔科克森 W	471.000
Z	-1.091
渐近显著性（双尾）	.275
精确显著性（双尾）	.283
精确显著性（单尾）	.141
点概率	.004

a. 分组变量：地点

图 3.66　两独立样本非参数检验结果

均值；"检验统计"表中，渐近显著性和精确显著性均＞0.05，所以两地土壤 Pb 含量差异无统计学意义。一般渐近显著性即可满足分析要求，后续分析中将不再输出精确概率值。

方法二：

可以采用"分析"→"非参数检验"→"独立样本"，在"字段"标签下分别选择"土壤 Pb 含量"和"地点"作为"检验字段"和"组"，其他保持默认，点击"运行"。程序将自动选择曼-惠特尼 U 检验，输出的渐近显著性结果与方法一相同，但是没有精确概率值。

【例 3.20】 上例中，若根据以往监测结果，甲地土壤 Pb 含量中位数为 263.58mg/kg，请分析现在土壤 Pb 含量是否与以往监测结果相同。

解题方法：

(1) 由于甲地土壤 Pb 含量不符合正态分布，可以考虑用样本中位数代替均值进行比较，所采用的方法为单样本秩和检验。

(2) 打开文件"3_15 两地土壤 Pb 含量.sav"，在菜单栏选择"数据"→"选择个案"，筛选条件表达式为"地点＝1"，筛选结果保存到新数据集"甲地土壤 Pb 含量"，在新数据集中选择"分析"→"非参数检验"→"单样本"，在"字段"标签下选择"土壤 Pb 含量"进入"检验字段"，在"设置"标签下点选"定制检验"下的"比较中位数和假设中位数（威尔科克森符号秩检验）"，并在"假设中位数"后输入 263.58，点击"运行"（图3.67）

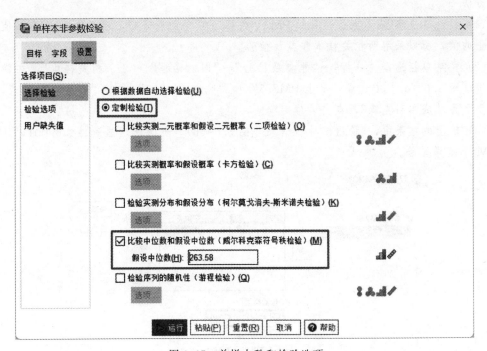

图 3.67　单样本秩和检验选项

(3) 输出的结果中（图 3.68），"假设检验摘要"表明检验方法为"单样本威尔科克森符号秩检验"，显著性为 0.027＜0.05。"单样本威尔科克森符号秩检验"图中显示了数据直方图，其中位数为 516.06，所以现在土壤 Pb 含量显著高于以往监测结果。

假设检验摘要

	原假设	检验	显著性[a,b]	决策
1	土壤Pb含量 的中位数等于263.58。	单样本威尔科克森符号秩检验	.027	拒绝原假设。

a. 显著性水平为.050。

b. 显示了渐进显著性。

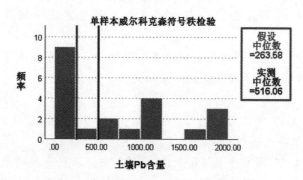

图3.68　单样本威尔科克森符号秩检验结果

【例3.21】　某地早晚 $PM_{2.5}$（单位：$\mu g/m^3$）监测数据见文件"3_16 早晚 PM2.5 含量.sav"，请分析早晚 $PM_{2.5}$ 含量是否有差异。

解题方法：

方法一：

（1）经过夏皮洛-威尔克检验可知 $PM_{2.5}$ 数据不符合正态分布，且早上的 $PM_{2.5}$ 值会影响晚上的值，所以采用两相关样本非参数检验。

（2）在菜单栏选择"分析"→"非参数检验"→"旧对话框"→"2个相关样本"，在弹出的对话框［图3.69（a）］中选择"早上PM2.5"和"晚上PM2.5"进入"检验对"列表，"检验类型"为"威尔科克森"，点击"确定"。

（3）输出的结果中，"检验统计"结果［图3.69（b）］表明渐近显著性<0.001，所以早晚 $PM_{2.5}$ 差异显著。

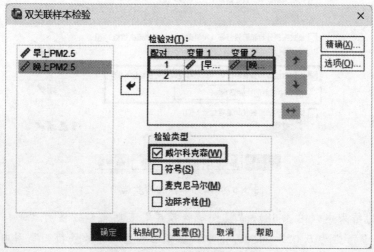

(a) 两相关样本非参数检验对话框

检验统计ᵃ

	晚上PM2.5 - 早上PM2.5
Z	-5.335ᵇ
渐近显著性（双尾）	<.001

a. 威尔科克森符号秩检验

b. 基于负秩。

(b) 两相关样本威尔科克森检验结果

图 3.69　"2 个相关样本" 方法对话框设置及分析结果

方法二：

采用 "分析" → "非参数检验" → "相关样本"，在 "字段" 标签下分别选择 "早上PM2.5" 和 "晚上 PM2.5" 进入 "检验字段"，其他保持默认，点击 "运行"。程序将自动选择威尔科克森检验，输出的渐近显著性结果同上。

【例 3.22】　在三个地点监测得到空气质量指数（AQI）结果见文件 "3_17 AQI. sav"，请分析三个地点 AQI 是否有差异。

解题方法：

方法一：

(1) 本例三个地点无关联，且正态性检验结果为 AQI 不符合正态分布，可以采用多个独立样本非参数检验。

(2) 选择 "分析" → "非参数检验" → "独立样本"，在 "字段" 标签下分别选择 "AQI" 和 "地点" 作为 "检验字段" 和 "组"，其他保持默认，点击 "运行"，如图 3.70 所示。

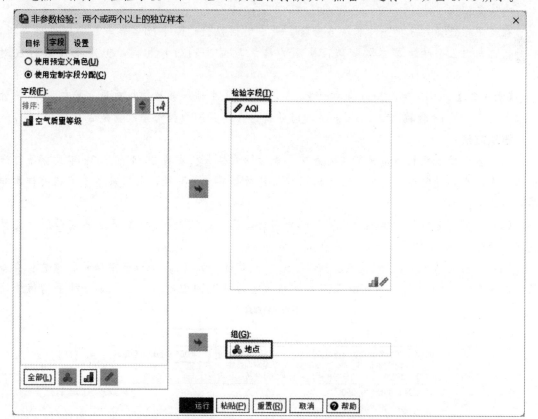

图 3.70　多个独立样本非参数检验对话框设置

（3）如图 3.71 所示，输出结果中，"独立样本克鲁斯卡尔-沃利斯检验摘要" ［图 3.71（a）］显示渐近显著性＜0.001，说明三地 AQI 存在显著差异。成对比较结果中 ［图 3.71（b）］，Bonferroni 校正通过调整 P 值的阈值来减小犯第一类错误的概率，其校正 P 值表明只有地点 1 和 3 之间的 AQI 存在显著差异。

独立样本克鲁斯卡尔-沃利斯检验摘要

总计 N	107
检验统计	15.141[a]
自由度	2
渐进显著性（双侧检验）	<.001

a. 检验统计将针对绑定值进行调整。

(a) 多个独立样本克鲁斯卡尔-沃利斯检验结果

地点 的成对比较

Sample 1-Sample 2	检验统计	标准误差	标准检验统计	显著性	Adj.显著性[a]
地点3-地点2	15.773	7.179	2.197	.028	.084
地点3-地点1	30.156	7.759	3.887	<.001	.000
地点2-地点1	14.383	7.309	1.968	.049	.147

每行都检验"样本 1 与样本 2 的分布相同"这一原假设。
显示了渐进显著性（双侧检验）。 显著性水平为 .050。

a. 已针对多项检验通过 Bonferroni 校正法调整显著性值。

(b) 多个独立样本成对比较结果

图 3.71　多个独立样本非参数检验结果

方法二：

在菜单栏选择"分析"→"非参数检验"→"旧对话框"→"K 个独立样本"功能进行分析，其对话框与"2 个独立样本"相似，得到的结果与图 3.71(a) 相同，但是不能进行成对比较。

【例 3.23】　2019 年、2021 年和 2022 年，我国 31 个地区颗粒物排放量（单位：t）统计结果见文件"3_18 颗粒物排放量.sav"，请分析这几年我国颗粒物排放量是否有变化。

解题方法：

（1）各个地区颗粒物排放量相差悬殊，通过探索性分析发现 2021 和 2022 年数据不符合正态分布，存在异常值；此外，三个时间点统计数据具有关联性，所以采用多个相关样本非参数检验。

（2）选择"分析"→"非参数检验"→"相关样本"，在"字段"标签下分别选择所有变量进入"检验字段"，其他保持默认，点击"运行"。

（3）输出的结果中，"假设检验摘要"表中显著性＜0.001，认为三年颗粒物排放量有差异（图 3.72）。"相关样本傅莱德曼双向按秩方差分析"图中显示，三个变量秩平均值依次

假设检验摘要

	原假设	检验	显著性[a,b]	决策
1	2019年颗粒物排放量,2021年颗粒物排放量 and 2022年颗粒物排放量 的分布相同。	相关样本傅莱德曼双向按秩方差分析	<.001	拒绝原假设。

a. 显著性水平为 .050。

b. 显示了渐进显著性。

图 3.72　多个相关样本傅莱德曼检验结果

减小，说明颗粒物的排放量呈现下降趋势（图 3.73）。"成对比较"Bonferroni 校正法结果（图 3.74）表明，2019 年和 2021 年颗粒物排放量差异显著，而 2021 年排放量与 2022 年差异显著。综合以上结果可知，2019 年、2021 年和 2022 年，颗粒物排放量逐年显著下降。

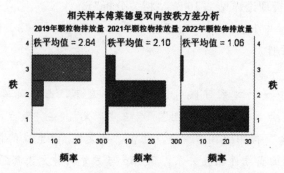

图 3.73　秩频率分布

成对比较

Sample 1-Sample 2	检验统计	标准误差	标准检验统计	显著性	Adj.显著性[a]
2022年颗粒物排放量-2021年颗粒物排放量	1.032	.254	4.064	<.001	.000
2022年颗粒物排放量-2019年颗粒物排放量	1.774	.254	6.985	<.001	.000
2021年颗粒物排放量-2019年颗粒物排放量	.742	.254	2.921	.003	.010

每行都检验"样本 1 与样本 2 的分布相同"这一原假设。
显示了渐进显著性（双侧检验）。显著性水平为 .050。
a. 已针对多项检验通过 Bonferroni 校正法调整显著性值。

图 3.74　成对比较结果

练习六

1. 请用假设检验方法分析文件"2_16 土壤 Cd 含量调查数据.xlsx"是否符合正态分布。

2. 从甲、乙两地各采集某植物，测定其中 Pb 含量（单位：mg/kg），结果见文件"3_19 植物 Pb 含量.sav"。此种植物在两地的 Pb 含量是否相同？

3. 非参数检验可以用于分析等级数据，请分析文件"3_17AQI.sav"中三个地点的空气质量等级是否有差异。

4. 在四个时间点（T1、T2、T3、T4）测定了水体中总氮含量，结果见文件"3_20 水体 TN 含量.sav"，请分析水体中总氮含量是否随时间变化。

3.10　相关分析

数学中的各种函数，可以描述事物之间的确定关系，即当一个或几个变量取一定的值时，另一个变量有确定的对应值。而在现实世界中，事物之间的关系通常不是确定的，如果变量间呈现出某种变化趋势，那么这些变量之间为相关关系。变量间的变化趋势可以通过散点图观察，可能是线性的，也可能是非线性的（如双曲线、对数曲线等），非线性相关能够通过数据转换成为线性相关。两个变量之间的线性关系通常采用 Pearson（皮尔逊）相关系数（r）度量（相关分析理论详见 2.10 节"相关分析"）。

【例 3.24】 某水样中 K、Na 和 Mg 元素的分析结果见文件"3_21 水体元素含量.sav"，请分析三种元素的相关性。

解题方法：

（1）三个及以上变量的关系可以用散点图矩阵观察，选择菜单栏"图形"→"旧对话框"→"散点图/点图"，点选"矩阵散点图"，点击"定义"。在"散点图矩阵"对话框中将三个变量选入"矩阵变量"框中（图 3.75），点击"确定"。由生成的散点图矩阵（图 3.76）可知，K 和 Na 呈明显的正线性相关关系，而 Mg 与另外两种元素都不相关。

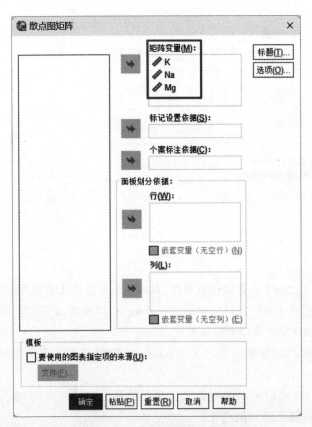

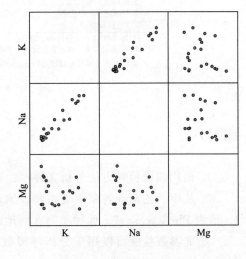

图 3.75　散点图矩阵对话框　　　　　　　　图 3.76　散点图矩阵

（2）选择菜单栏"分析"→"相关"→"双变量"，将三个变量选入"变量"框中，其他选项保持默认（图 3.77），点击"确定"。输出的相关性结果以交叉表展示（图 3.78），表中数据在对角线两侧对称。可见 K 和 Na 间的皮尔逊相关系数为 0.957，线性关系显著（$P <$ 0.001）；而 Mg 与 K 和 Na 的线性关系均不显著。

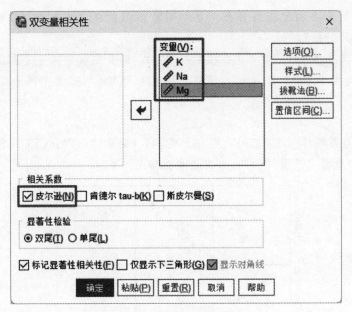

图 3.77　相关分析对话框

相关性

		K	Na	Mg
K	皮尔逊相关性	1	.957**	-.173
	显著性（双尾）		<.001	.465
	个案数	20	20	20
Na	皮尔逊相关性	.957**	1	-.208
	显著性（双尾）	<.001		.379
	个案数	20	20	20
Mg	皮尔逊相关性	-.173	-.208	1
	显著性（双尾）	.465	.379	
	个案数	20	20	20

**.在 0.01 级别（双尾），相关性显著。

图 3.78　皮尔逊相关分析结果

练习七

　　某地土壤中稀有元素锂、铯、铷和锶的含量见文件"2_26 土壤中稀有元素含量数据 .xlsx"，请判断这些元素之间是否具有线性相关关系，并用皮尔逊相关分析量化这种关系。

3.11　线性回归分析

　　事物之间的线性相关关系可以通过线性回归分析得到回归方程来定量描述。线性回归分析中，自变量可以是一个或多个，多个自变量不能相互影响（即不应该存在共线性），且与因变量之间要存在线性关系。回归方程建立后需要进行显著性检验，残差（实际值与回归方程计算值的差值）需要满足正态分布、方差相等和相互独立等条件（线性回归理论详见2.11节"线性回归分析"）。

【例 3.25】 某土壤 pH、阳离子交换量（CEC），以及土壤中离子交换态 Cd 含量见文件"3_22 土壤性质与大米 Cd 含量.sav"，请对土壤 pH、CEC 和土壤中离子交换态 Cd 含量进行回归分析。

解题方法：

(1) 绘制散点图矩阵（图 3.79），确定土壤 pH（变量"x1"）、CEC（变量"x2"）二者和离子交换态 Cd 含量（变量"y1"）存在负线性相关关系。

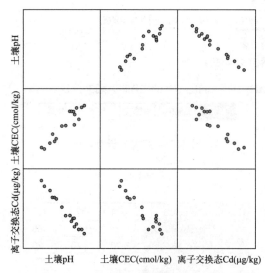

图 3.79 土壤 pH、CEC 和离子交换态 Cd 含量散点图矩阵

(2) 选择"分析"→"回归"→"线性"，在"线性回归"对话框（图 3.80）中将变量"y1"作为"因变量"，变量"x1"和"x2"选入"块"列表（自变量），下面的"方法"后保持默认的"输入"，即直接将两个自变量代入到线性回归模型中。点击"统计"按钮，勾选"共线性诊断"，点击"继续"，点击"确定"。

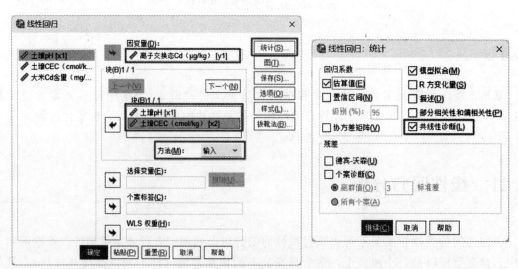

图 3.80 "线性回归"对话框设置

（3）输出结果（见图 3-81）中，"模型摘要"表显示判定系数，由于有 2 个自变量，需要采用调整 R^2，其绝对值 > 0.8，说明回归模型对观测数据拟合程度良好；方差分析显著性 < 0.001，说明自变量和因变量间的线性关系显著。"系数"表中，常数项（截距）为 0.165，表明 pH 和 CEC 为 0 时土壤中离子交换态 Cd 含量不为 0，显然只是一个理论值。pH 系数的显著性 < 0.001，而 CEC 系数显著性为 0.723 > 0.05，说明 pH 的变化引起离子交换态 Cd 含量的显著变化，而 CEC 则不然。由散点图可知，pH 和 CEC 之间存在相关性，因此模型中可能存在多重共线性问题。"系数"表中"共线性统计"提供了两个共线性检验指标：VIF（Variance Inflation Factor）为方差膨胀因子，当 VIF < 10（比较严格的标准为 5）时认为线性回归模型没有多重共线性问题；容差也译为容忍度（Tolerance），是 VIF 的倒数，如果容差 < 0.1，则模型存在严重的多重共线性问题。本例 VIF 接近 10，容差接近 0.1，所以模型存在一定程度的多重共线性问题。

模型摘要 b

模型	R	R 方	调整后 R 方	标准估算的错误
1	.991 a	.982	.980	.001685

a. 预测变量: (常量), 土壤CEC (cmol/kg) , 土壤pH

b. 因变量: 离子交换态Cd (μg/kg)

ANOVA a

模型		平方和	自由度	均方	F	显著性
1	回归	.002	2	.001	386.926	<.001 b
	残差	.000	14	.000		
	总计	.002	16			

a. 因变量: 离子交换态Cd (μg/kg)

b. 预测变量: (常量), 土壤CEC (cmol/kg) , 土壤pH

系数 a

模型		未标准化系数		标准化系数	t	显著性	共线性统计	
		B	标准错误	Beta			容差	VIF
1	(常量)	.165	.004		42.518	<.001		
	土壤pH	-.015	.002	-.955	-9.047	<.001	.114	8.780
	土壤CEC (cmol/kg)	.000	.001	-.038	-.362	.723	.114	8.780

a. 因变量: 离子交换态Cd (μg/kg)

图 3.81　以土壤 pH、CEC 为自变量的线性回归模型检验结果

（4）既然当前线性回归模型存在问题，就需要修改"线性回归"对话框设置（图 3.82），在"方法"后的下拉列表中提供了 4 种自变量筛选方法："除去"是将所选自变量从模型中删除；"前进"是将对因变量影响显著的自变量依次引入回归模型的过程，直到没有自变量有统计学意义；"后退"法与"前进"相反，首先在模型中包含所有自变量，再依次剔除对因变量影响不显著的变量；"步进"相当于"前进"与"后退"法的结合，每当有自变量进入或被排除出回归模型，都会对当前模型中的自变量进行检测，以避免由于模型改变导致自变量无统计学意义，是建立最优回归模型的常用方法。因此，本例选择"步进"法。点击"统计"按钮（图 3.83），勾选"德宾-沃森"（Durbin-Watson，DW），检验回归模型中残差的独立性，其检验结果取值范围为 0 到 4，一般取值为 1.7～2.3 可以认为残差独立，

接近 0 或 4 则说明存在正或负自相关性（注意，DW 检验主要针对时间序列数据的自相关诊断，此处主要展示相关操作；本例可以用残差图是否存在规律性来判断残差的独立性）。点击"继续"；再点击"图"，选择绘制残差图，残差图通常以标准化预测值（*ZPRED）为 X 轴，以标准化残差（*ZRESID）为 Y 轴，点击"继续"，点击"确定"。

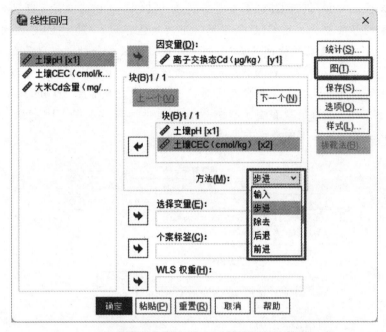

图 3.82　选择自变量筛选方法

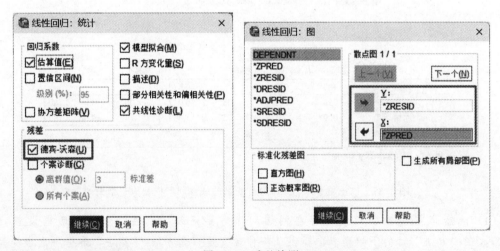

图 3.83　残差检测

（5）输出的结果中，"输入/除去的变量"表（图 3.84）显示仅"土壤 pH"进入模型，建立的模型判定系数为 0.982，且 ANOVA 检验结果为 $P<0.001$，线性关系显著；德宾-沃森检验结果为 2.85，对于时间序列可以认为残差可能存在负自相关。"系数"表（图 3.85）显示新模型自变量对因变量影响显著，且只有一个自变量进入模型，不存在多重共线性问题。"排除的变量"表（图 3.86）中显示 CEC 被排除出模型是因为对离子交换态 Cd 含量影响不显著，且可能存在多重共线性问题。残差图（图 3.87）中，点的分布基本无规律性，说明残差方差齐且独立。

输入/除去的变量ª

模型	输入的变量	除去的变量	方法
1	土壤pH		步进（条件：要输入的 F 的概率 <=.050，要除去的 F 的概率 >=.100）。

a. 因变量：离子交换态Cd（μg/kg）

模型摘要ᵇ

模型	R	R 方	调整后 R 方	标准估算的错误	德宾-沃森
1	.991ª	.982	.981	.001635	2.850

a. 预测变量：(常量)，土壤pH

b. 因变量：离子交换态Cd（μg/kg）

ANOVAª

模型		平方和	自由度	均方	F	显著性
1	回归	.002	1	.002	821.312	<.001ᵇ
	残差	.000	15	.000		
	总计	.002	16			

a. 因变量：离子交换态Cd（μg/kg）

b. 预测变量：(常量)，土壤pH

图 3.84 调整后的模型判定系数和方差分析结果

系数ª

模型		未标准化系数		标准化系数	t	显著性	共线性统计	
		B	标准错误	Beta			容差	VIF
1	(常量)	.165	.004		43.977	<.001		
	土壤pH	-.016	.001	-.991	-28.659	<.001	1.000	1.000

a. 因变量：离子交换态Cd（μg/kg）

图 3.85 调整后的模型系数

排除的变量ª

模型		输入 Beta	t	显著性	偏相关	共线性统计		最小容差
						容差	VIF	
1	土壤CEC（cmol/kg）	-.038ᵇ	-.362	.723	-.096	.114	8.780	.114

a. 因变量：离子交换态Cd（μg/kg）

b. 模型中的预测变量：(常量)，土壤pH

图 3.86 排除变量的统计分析结果

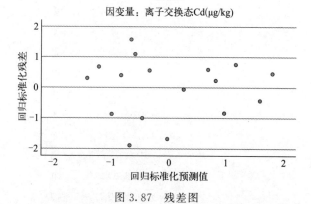

图 3.87 残差图

（6）根据以上结果，可知线性模型各方面都符合要求，回归方程为：

$$y_1 = 0.17 - 0.016x_1 \quad (R^2 = 0.98, \ P < 0.001)$$

练习八

在文件"3_22 土壤性质与大米 Cd 含量.sav"中，以土壤 pH 和 CEC 为自变量，大米 Cd 含量为因变量，进行回归分析。

第4章

Origin数据可视化

4.1 数据可视化的概念和作用

数据可视化是将数据转化为图形、图像等视觉信息的技术，使人们能够快速理解数据中的特征和变化规律。数据可视化可以使复杂的数据直观地呈现出来，因此有"一图胜千言"的说法。虽然这种说法有些夸张，但数据可视化在数据分析中确实发挥着至关重要的作用：

（1）直观表现数据。数据集越复杂，越难以从中获得有效信息，尤其是大数据，人们很容易迷失在海量数据中。相对于文本和表格，简洁美观的图形更容易被人类大脑所理解，帮助人们获取数据中的信息。

（2）展现数据变化规律，支持决策。通过数据可视化，人们能够发现数据的分布特征，掌握数据的规律，预测数据的变化趋势，并进行多样本、多场景的对比。决策者通过这些信息能够快速发现问题，提出合理的对策。

（3）促进数据传播，体现数据价值。数据分析工作中，数据的来源往往比较广泛，如生态环境数据涉及环境污染、自然资源保护、环境管理等多个领域，不仅相关技术人员和管理人员需要充分掌握数据中的信息，广大人民群众也希望了解环境保护状况。数据可视化将复杂的数据转化为易于理解的视觉信息，无论是专业人员还是非专业人员都可以快速获取数据中的关键信息，这极大地促进了数据的传播，充分展现了数据的价值。

4.2 Origin 简介

Origin 是 OriginLab 公司开发的科学绘图和数据分析软件，为需要分析、绘制图表和专业呈现数据的用户提供了全面的解决方案，在全球范围内广泛地被各大公司、政府机关和科研机构使用，用户数超过 100 万。OriginPro 是 Origin 的高级版本，能够实现更多的数据分析方法和图形输出，功能更为强大。

Origin 具有图形界面，初级用户易于使用；其内置的 Origin C 和 LabTalk 编程语言则可以满足高级用户的需要。Origin 还提供了丰富的图形输出格式以满足不同场景（如商业、科研）的需求。近些年来，开源软件 R 语言和 Python 等对商业统计分析软件构成了威胁，为了应对开源软件的挑战，Origin 一方面增加绘图模板种类和分析方法，另一方面添加了连接到 R 语言和 Python 等软件控制台的功能。这些措施增强了 Origin 的竞争力，维持了客户群体的稳定。

Origin 的图形化界面功能丰富，无须编程即可创建各种 2D/3D 图形，尤其擅长绘制各种多 Y 轴图和多窗格图；配合使用基本的图形模板、图表绘制工具、图层管理和图形合并等功能，能够创建复杂、美观的图形。本章将着重介绍如何用 OriginPro 绘制 2D 图形。

4.3 OriginPro 界面

OriginPro 的界面设计为绘图提供了极大便利，功能强大且支持用户自定义。其界面主要由图 4.1 所示部分组成。

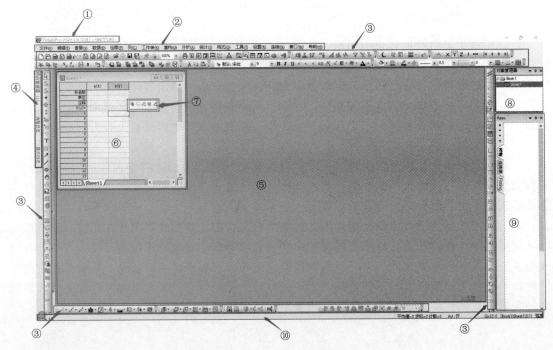

图 4.1　OriginPro 界面组成

① 标题栏：显示文件标题及路径。

② 菜单栏：会根据激活的窗口类型而变化，方便对所选对象的修改。

③ 工具栏：提供了非常丰富的常用命令按钮。鼠标左键点击每个工具条右侧的小三角

形，或者选择菜单栏的"查看"→"工具栏"，即可自定义工具栏。

④ 项目管理器和日志：当存储为 OriginPro 文件时，将默认存储为"项目"，项目管理器中显示了当前项目中包括的所有信息。其窗口分为上、下两个部分：上半部分显示项目中的文件结构；下半部分显示文件夹中包含的所有对象。通过鼠标右键菜单，可以直接新建、删除和重命名文件夹和图形等对象。日志则用于显示操作记录。

⑤ 工作区域：显示软件使用过程中的所有窗口，如工作簿、图形、备注和各种图形元素的属性设置窗口等。

⑥ 工作簿：类似于 Excel 工作簿，每个工作簿中可以有多个工作表（默认名称为 Sheet1，Sheet2 等），在工作表名称上点击鼠标右键，可以实现复制、删除、重命名、着色，以及插入和添加工作表等功能。

⑦ 浮动工具栏：当点击选中工作簿中的单元格、图形窗口中的某些元素等可编辑的对象时，会显示浮动工具栏以快速设置其属性。如果浮动工具栏消失，可以选择菜单栏"查看"→"浮动工具栏"，或者按快捷键 Ctrl＋Shift＋T 来显示浮动工具栏。

⑧ 对象管理器：功能强大的对象管理工具，可以批量修改对象的字体、颜色等样式，快速隐藏/显示对象等。

⑨ Apps 窗口：Apps（应用）旨在解决特定问题，可以快速开发和部署，避免了等待新的 Origin 产品发布。目前，所有 Apps 都可以免费下载，包括数据导入、作图、结果发布、曲线拟合、峰值分析和统计学等六个方面的功能，大大增强了 Origin 的功能。

⑩ 状态栏：显示帮助信息、数据的一些描述统计结果，以及文件信息等。

4.4　OriginPro 数据文件的建立

4.4.1　直接输入数据

OriginPro 工作表结构与 Excel 有所不同，分为上、下两个区域（图 4.2）。

上面为表头，用于设置列的主要属性："长名称"是用户定义的列名称，可以用变量名命名；"单位"是变量的量纲，如"千米""吨"等；"注释"是对变量的说明，可以不填写；"F(x)＝"用于显示设置列值的公式。此外，在表头任意属性字段上点击鼠标右键，选择"视图"，可以根据需要选择显示/隐藏列属性，以及改变工作表外观（如是否显示网格线等）。

表头以下是数据编辑区域，可以使用键盘直接输入数据。在输入一列数据时，可以用键盘"Enter"键切换到下一行；按照从左到右、从上到下顺序输入数据时，可以用"Tab"键切换单元格；用方向键可以选择与当前单元格相邻的单元格；用鼠标点击则可以选中任意单元格进行输入。新建的 OriginPro 文件工作区域只有一个工作簿，还可以建立新的工作簿、插入图形和注释等。文件中的所有内容可以通过在菜单栏选择"文件"→"保存项目"，或点击工具栏上的磁盘图标，或按快捷键 Ctrl＋S 保存为一个项目文件（＊.opju）。

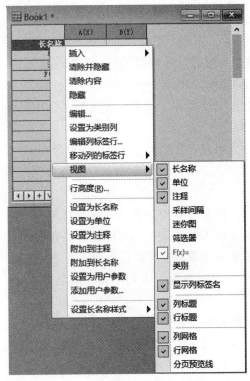

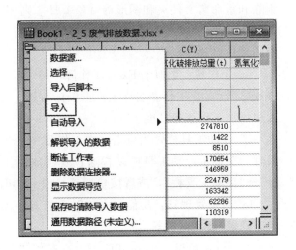

图 4.2　OriginPro 工作表及表头选项　　　　　图 4.3　用数据连接器连接到外部数据结果

4.4.2　导入数据

　　选择 OriginPro 菜单栏的"数据"→"从文件导入"后根据向导提示可以导入多种类型的数据。导入数据的另一种方法是采用数据连接器，数据连接器是 OriginLab 开发的新数据导入工具，非常适合大量数据的高效导入。下面以导入 Excel 文件"2_5 废气排放数据.xlsx"为例说明如何使用数据连接器。

　　点击"数据"→"连接到文件"→"Excel"，或者点击工具栏"导入 Excel"图标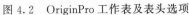，弹出"Excel 导入选项"对话框。如果要选择导入部分数据，可以勾选"部分导入"，之后按照格式提示输入需要导入的数据范围；本例中保持默认，点击"确定"则数据导入到当前工作表。注意，表头显示了"迷你图"，用线图表示数值型变量的变化走势。

　　与普通导入数据不同，用数据连接器导入数据后在工作表的左上角显示数据连接器图标（图 4.3），图标颜色为绿色，光标放在此图标上则显示源文件路径和导入时间等信息。此时，工作表中的数据不能修改，因为此时工作表中的数据只是对目标文件的连接。打开文件"2_5 废气排放数据.xlsx"，将 A2:A4 分别改为 1、2、3 并保存文件，则数据连接器图标颜色变为黄色，表示源文件有修改；点击图标并选择"导入"，工作表中的数据将按照源文件的修改更新，当然也可以选择"自动导入"，随时保持与源文件的修改一致。若源文件被删除或找不到，数据连接器图标颜色变为红色。若选择"删除数据连接器"，则工作表变为 OriginPro 普通工作表，数据量比较大时电脑可能卡顿。

4.4.3　复制/粘贴数据

如果数据量不大，直接从目标文件复制数据并粘贴到 OriginPro 工作表中是比较简单直接的方法，如根据文件"2_2 土壤营养元素含量.txt"建立 OriginPro 数据文件，只需打开"2_2 土壤营养元素含量.txt"，复制数据并粘贴到 OriginPro 工作表中，如果原工作表列数不足则会自动添加。粘贴后，数据编辑区第一行为变量名，点击行号选中第一行，再点击鼠标右键，选择"设置为长名称"（图 4.4）。

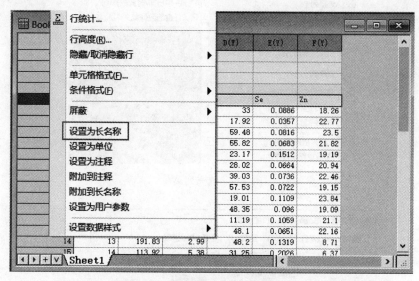

图 4.4　复制、粘贴数据到工作表并设置第一行为长名称

4.5　OriginPro 数据文件编辑

4.5.1　快速填充

（1）在工作表某个单元格中输入数据后，将光标放在单元格右下角，当光标变为十字时按住鼠标左键拖动，可以复制单元格中数据。

（2）在工作表中选择一列或几列，点击菜单栏"列"→"填充列"，或者点选某一列或几列，在右键菜单选择"填充列"，可以用特定值（如行号、随机数等）填充单元格（图 4.5）。

（3）以公式填充某一列。如先以行号填充 A 列，点选 B 列，选择菜单栏"列"→"设置列值"，或者在右键菜单选择"设置列值"，或按快捷键 Ctrl+Q，在"设置值"对话框（图 4.6）中点选 A 列，再用键盘输入"*2"，即 B 列用 A 列值的 2 倍填充。此对话框中"wcol(1)"和"Col(A)"分别以列的编号和名称表示列，实际意义相同；"函数"中可以调用 OriginPro 的内置函数。点击"确定"后在 B 列中显示计算结果，此时 B 列表头"F(x)="中显示公式"A*2"。

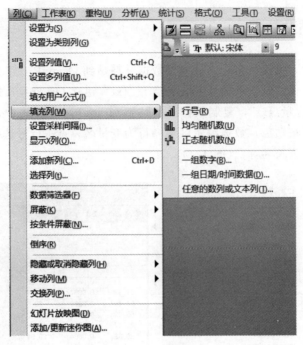

图 4.5　填充列菜单

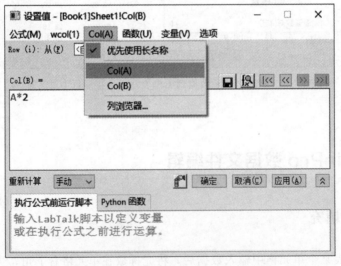

图 4.6　设置值对话框

4.5.2　列属性

OriginPro 工作表中的列标后面会标注"（X）""（Y）"等，作图时这些列会成为图中 X 轴、Y 轴等元素的数据。选中一列，选择菜单栏"列"→"设置为"，或者在右键菜单中选择"设置为"，指定此列为 X、Y、Z 轴数据，或 X、Y 轴数据误差，以及 Y 轴数据标签。如果选择"忽略"，则此列数据在作图和数据分析时将被忽略。

双击任意列标题，可以打开"列属性"对话框（图 4.7）。对话框上部可以设置表头信息；中间可以修改列宽；下面"选项"可以设定绘图选项和数据类型。对话框左上的"上一个"和"下一个"按钮可以在不关闭对话框情况下依次设定每一列的属性。

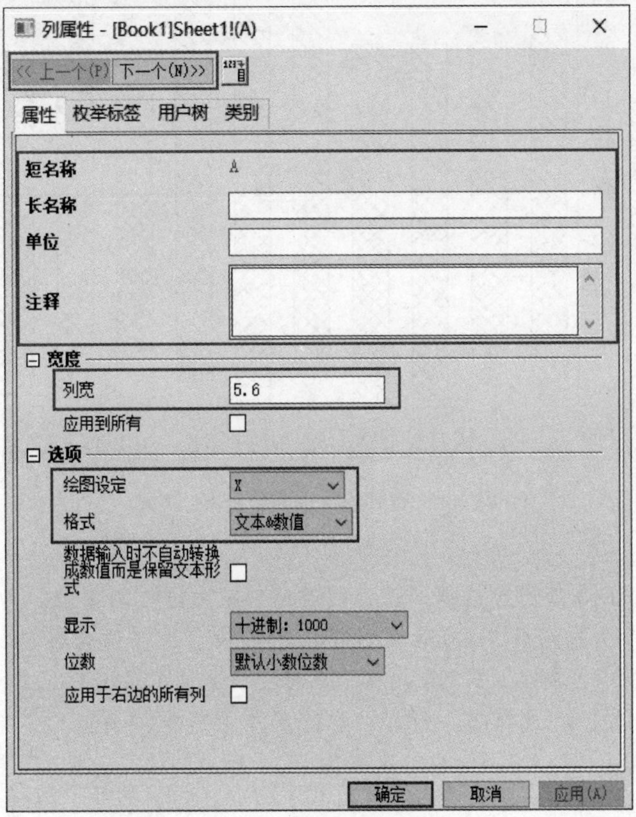

图 4.7　"列属性"对话框

4.5.3　行和列的其他操作

OriginPro 的"列"和"工作表"菜单提供了插入和删除行或列，以及数据的排序、筛选和条件格式等功能，这些功能与 Excel 类似（见本书 2.4 节"Excel 数据编辑"），且设置比较简单，这里不再赘述。

4.6　2D 图形绘制基本技巧

4.6.1　图形创建与基本设置

OriginPro 能够创建多种统计图，且对图形的设置细致入微，下面以一个实例说明图形建立与各图形元素的设定方法。

【例 4.1】　在某金属矿山周围采集了 10 种植物，测定其地上部和根部 Cd 含量（单位：mg/kg），结果见文件"4_1 植物 Cd 含量.xlsx"，请据此数据作图 4.8。

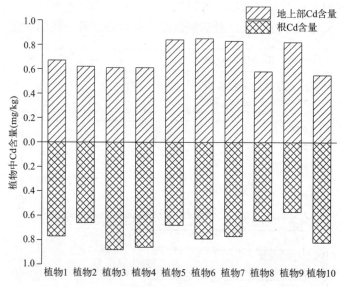

图 4.8　植物地上部和根中 Cd 含量

作图方法：

（1）建立 OriginPro 工作表数据。正常的坐标轴是由负值到正值，而图 4.8 中坐标轴标签都为正值，可以考虑先将根中 Cd 含量数据改为负值，再修改坐标轴标签样式。在"4_1 植物 Cd 含量.xlsx"中复制 A1:K3 单元格，鼠标右键点击 OriginPro 工作表 A1 单元格，选择"转置粘贴"（图 4.9）。选择第一行，在右键菜单中选择"设置为长名称"。点击 C 列列标，在右键菜单中选择"插入"，则此时原来的 C 列变为 D 列。选择 C 列，按键盘 Ctrl＋Q，设置值为"-wcol(4)"并"确定"。剪切 D 列长名称并粘贴到 C 列，并在 B 和 C 列表头"单位"中输入"mg/kg"（图 4.10）。

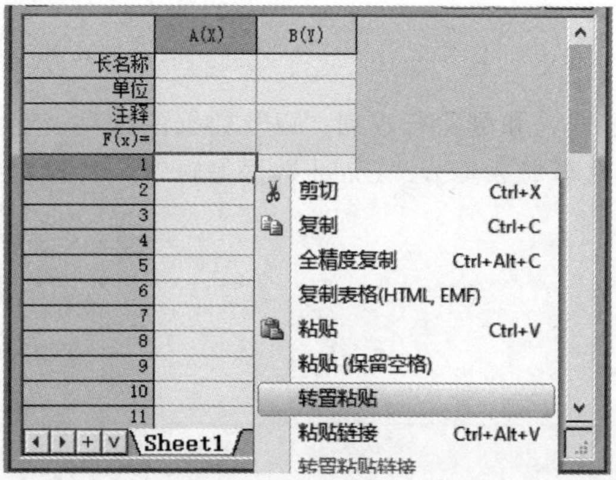

图 4.9　从 Excel 中复制数据并转置
粘贴到 OriginPro 工作表

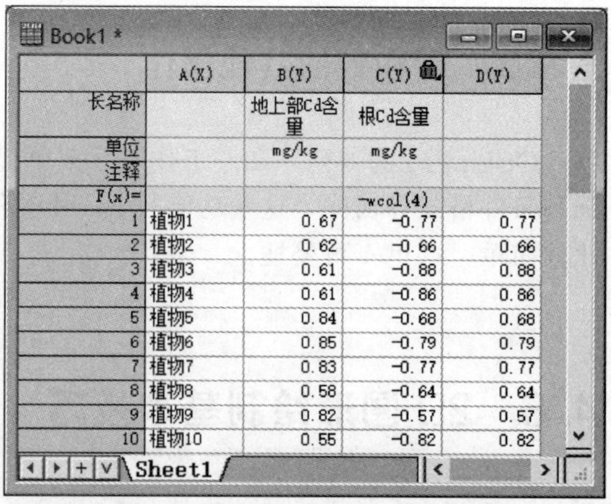

图 4.10　建立 OriginPro 数据文件

（2）插入柱状图。拖动鼠标选择 A、B、C 三列，在右键菜单中选择"绘图"→"柱状图/条形图/饼图"→"柱状图"（图 4.11）；或选择菜单栏"绘图"→"条形图，饼图，面积图"→"柱状图"（图 4.12）；或点击底部图形工具栏中的柱状图按钮，选择"柱状图"（图 4.13）。三种方法都可以插入柱状图（图 4.14）。

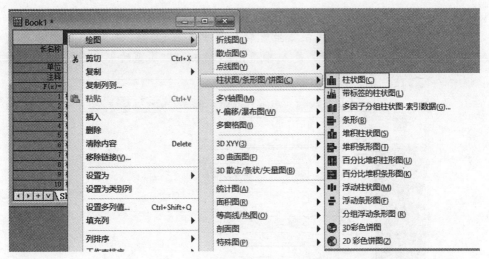

图 4.11　通过右键菜单插入图形

图 4.12　通过"绘图"菜单插入图形

图 4.13　通过"绘图"工具栏插入图形

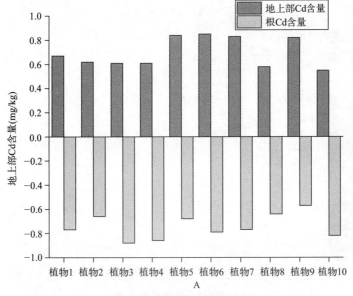

彩图

图 4.14　默认生成的柱状图

（3）修改坐标轴选项。在图 4.14 中双击任意坐标轴或坐标轴标签，在弹出的对话框中点击"刻度"标签（图 4.15），在左侧坐标轴列表中点击选择"垂直"（此图中即 Y 轴）。"刻度"标签下"起始"和"结束"是 Y 轴范围；"主刻度"类型默认为最常用的"按增量"，

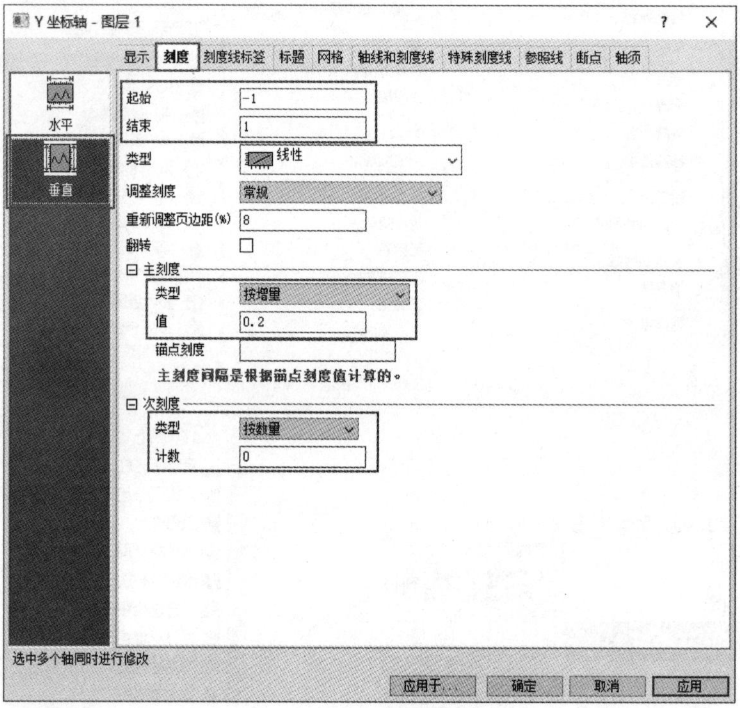

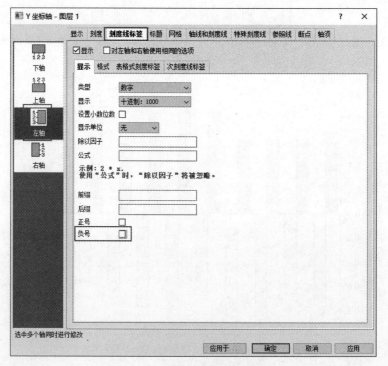

图 4.15　坐标轴刻度选项

图 4.16　坐标轴刻度线标签选项

此处默认主刻度间隔为 0.2；"次刻度"是对主刻度的细分，如果在"计数"后输入数字 n，则每个主刻度会被平分为 $n+1$ 份，本例中不需要次刻度，所以"计数"后输入 0。点击"刻度线标签"（图 4.16），在"显示"下面取消勾选"负号"，即隐藏负号。点击"轴线和

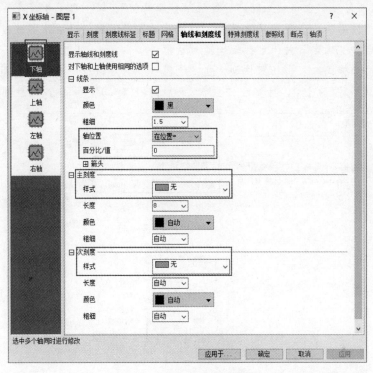

图 4.17　轴线和刻度线选项

图 4.18　修改 X 轴标签位置

刻度线"（图 4.17），在左侧点选"下轴"；"轴位置"改为"在位置＝"，"百分比/值"后输入 0，此步修改 X 轴与 Y 轴的交点位置；由于 X 轴是分类轴，不需要刻度线，所以主刻度和次刻度样式都修改为"无"。下面修改 X 轴标签位置，点击"刻度线标签"（图 4.18），在"格式"下面取消勾选"当移动轴时，标签随轴一起移动"。以上每一步修改后，都要点击对话框右下角的"应用"按钮观察修改效果，以便及时发现问题，以后作图过程都是如此，不再说明。最后点击"确定"关闭坐标轴选项对话框。

（4）修改柱形样式。双击任意柱形，在"绘图细节"对话框中点选"间距"（图 4.19），先修改"重叠（％）"为 100，再修改"柱状/条形间距（％）"为 40，即柱间距为柱宽度的

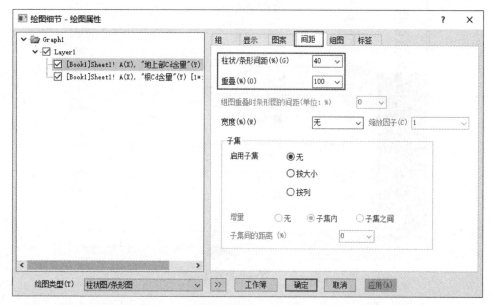

图 4.19　修改柱形间距

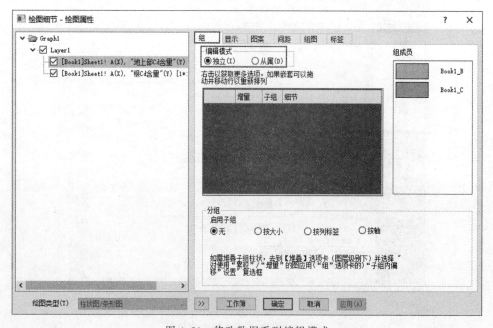

图 4.20　修改数据系列编辑模式

一半左右。柱形的填充色、样式等在"图案"下修改，但是现在不能单独修改每个数据系列，因为系统生成柱状图时把两个数据系列当成一个组；如果需要分别修改，需要点击"组"，将"编辑模式"改为"独立"（图 4.20），此时在"图案"标签下可以分别修改每个数据系列所对应柱形的填充"颜色"和"图案"（图 4.21）。

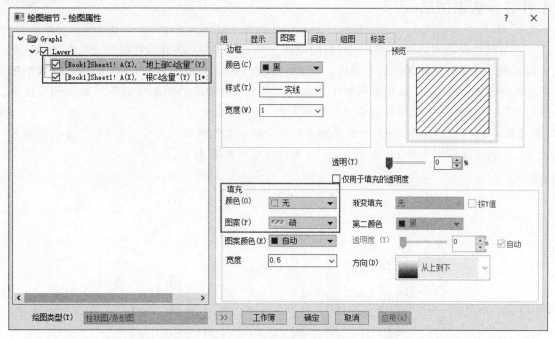

图 4.21　修改柱形填充样式

（5）修改图例。鼠标右键点击图例，选择"属性"，在"文本对象"对话框点击"边框"，修改"边框"为无（图 4.22）。该对话框还可以设置文本样式和图例符号样式等。点击"确定"关闭对话框，选中图例后，可以拖动到适当位置。

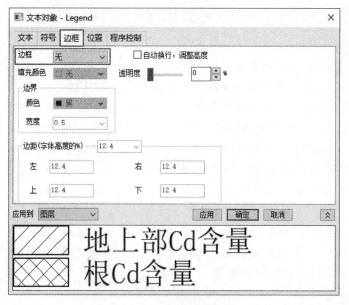

图 4.22　去掉图例边框

（6）其他修改。双击 Y 轴标题，将其变成可输入状态，删除原来内容，改为"植物中 Cd 含量（mg/kg）"，点击输入框以外任意位置完成修改。点选 X 轴标题"A"，按"Delete"键删除，完成图 4.8。

4.6.2　认识图层

图层就像是透明的纸，在上面可以绘制图形和输入文字，多张这样的纸叠放在一起，就可以呈现复杂的视觉效果。许多软件，如 Photoshop 和 AutoCAD 都引入图层功能以方便图形和图像编辑。OriginPro 图形模板中如果包含多个坐标轴或坐标系（如多 Y 轴图和多窗格图），通常在不同的图层中展示不同的数据系列，如下例：

【例 4.2】　在某工业区 15 个采样点采集了土壤和空气样品，测定其中 Pb 含量，结果见文件"4_2 土壤和空气中 Pb 含量.xlsx"，请据此数据作图 4.23。

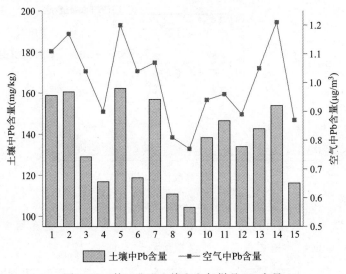

图 4.23　某工业区土壤和空气样品 Pb 含量

作图方法：

（1）建立 OriginPro 工作簿数据。导入"4_2 土壤和空气中 Pb 含量.xlsx"数据，或者复制数据到 OriginPro 中。由于数据量较少，本例采用复制粘贴方法，复制 Excel 中的所有数据到 OriginPro 工作表中，将自动识别第一行为"长名称"。如果没有自动识别，则点选第一行，在右键菜单中选择"设置为长名称"。将"长名称"中的单位剪贴到"单位"字段，注意不需要括号（图 4.24）。由图 4.23 可知，A 列应该更改为 Y 轴数据系列。

（2）插入多 Y 轴图。OriginPro 中多 Y 轴图有 2 个及以上 Y 轴，这些 Y 轴共用 X 轴，各个 Y 轴对应的变量绘制在不同的图层中。多 Y 轴图有多个模板，其中"2Ys Y-Y"表示有两条 Y 轴，且分布在 X 轴的两侧。其他模板名称含义与之相似，结合名称前的图标可以判断图形的样式。拖动鼠标选择 A 和 B 列，在右键菜单中选择"绘图"→"多 Y 轴图"→"2Ys Y-Y"（图 4.25），当然也可以通过"绘图"菜单或底部图形工具栏插入图形。

（3）"多 Y 轴图"默认绘制折线图（图 4.26），图形左上角有"1"和"2"两个按钮，分别代表第 1 和第 2 图层。在第 2 图层编号上点击鼠标右键，选择"隐藏图层"，则只显示第 1 图层中的内容，点击折线任意位置，在浮动工具栏上点击"更改绘图类型为"按钮，选

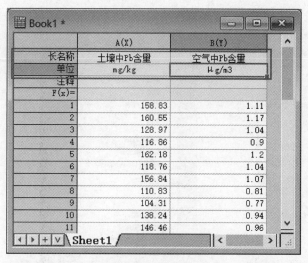

图 4.24 复制数据到 OriginPro 工作表并设置表头

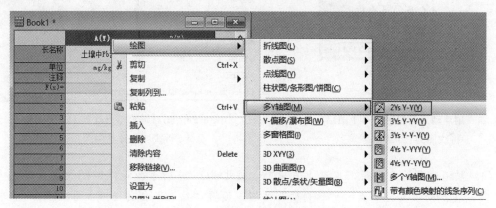

图 4.25 插入双 Y 轴图

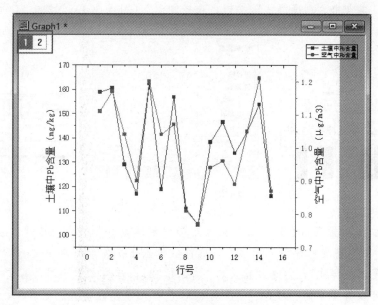

图 4.26 默认生成的双 Y 轴图

择"柱状图/条形图"（图 4.27）；或者鼠标右键点击折线任意位置，选择"绘图更改为"→"柱状图/条形图"（图 4.28）。

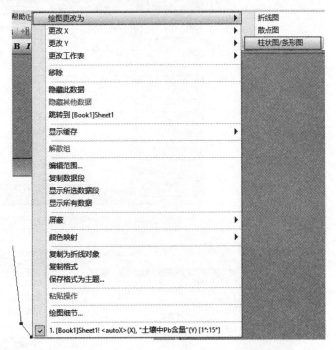

图 4.27　用浮动工具栏更改第 1 图层　　　　　　　图 4.28　用右键菜单更改第 1 图层
　　　　　　折线图为柱状图　　　　　　　　　　　　　　　　　折线图为柱状图

（4）取消隐藏第 2 图层，点选上方横轴，按 Delete 键删除，同样删除 X 轴标题。点选左 Y 轴，在浮动工具栏上点击"轴刻度"按钮，设置"结束"值为 200（图 4.29），同样设置右 Y 轴的"起始"为 0.5，X 轴的范围为 0.25～15.75。点选 X 轴，在浮动工具栏上点击"重新调整轴"，再点击"刻度样式"按钮，选择"无"（图 4.30）。

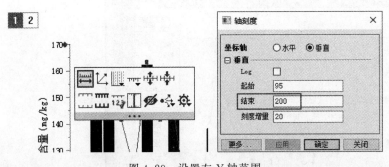

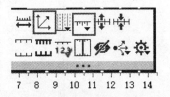

图 4.29　设置左 Y 轴范围　　　　　　　　　　　　图 4.30　调整 X 轴刻度

（5）点选右 Y 轴标题，在浮动工具栏上点击"字体颜色"按钮，选择红色（图 4.31）。右 Y 轴标题中"3"需要修改为上标格式，鼠标右键点击工作表中单位"μg/m3"所在单元格，选择"设置单位样式"，勾选"富文本"（图 4.32）。与纯文本不同，富文本是包含各种格式的文本，可以设置字体、颜色、上下标、对齐方式等多种格式。此时用鼠标选中"3"，并在字体样式工具栏点击上标图标（图 4.33），单位单元格和图中右 Y 轴标题中"3"都变为上标。另一种修改上标的方法是：鼠标右键点击右 Y 轴标题，选择"属性"，在弹出的对话框中间部分删除原有内容，输入或者复制标题文本，选中"3"并点击 x^2 按钮，之后点击"确定"（图 4.34）。输入希腊字母"μ"时可以先输入"m"，选择 m 并点击 $\alpha\beta$ 按钮将选中的英文字母变为希腊字母，二者之间转换关系（按键盘顺序）为：$Q \rightarrow \theta$；$W \rightarrow \omega$；$E \rightarrow \varepsilon$；$R \rightarrow \rho$；$T \rightarrow \tau$；$Y \rightarrow \psi$；$U \rightarrow \upsilon$；$I \rightarrow \iota$；$O \rightarrow o$；$P \rightarrow \pi$；$A \rightarrow \alpha$；$S \rightarrow \sigma$；$D \rightarrow \delta$；$F \rightarrow \varphi$；$G \rightarrow \gamma$；$H \rightarrow \eta$；$J \rightarrow \phi$；$K \rightarrow \kappa$；$L \rightarrow \lambda$；$Z \rightarrow \varsigma$；$X \rightarrow \xi$；$C \rightarrow \chi$；$V \rightarrow \bar{\omega}$；$B \rightarrow \beta$；$N \rightarrow \upsilon$；$M \rightarrow \mu$。更简单的办法是点击右侧的 $\boxed{\Sigma}$ 图标，在符号表中直接选择。

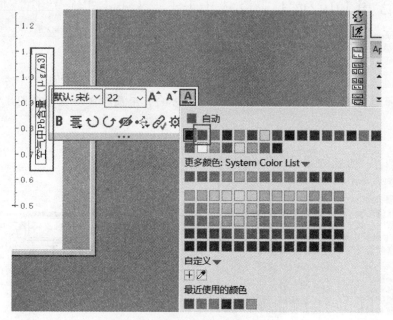

彩图

图 4.31　设置右 Y 轴标题字体颜色

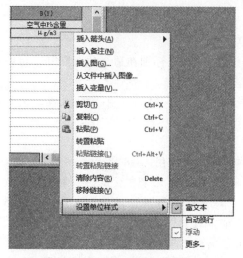

图 4.32　设置单位样式为富文本　　　　图 4.33　设置单元格中字体为上标

（6）修改柱形样式。点击任意柱形，在浮动工具栏上点击"填充颜色"按钮，选择一种浅蓝色（图 4.35），点击此浮动工具栏上第 4 个按钮"增大间距"若干次，调整到合适间距。

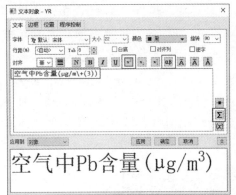

图 4.34   更改文本对象属性

（7）修改图例。点选图例，在浮动工具栏上更改字号为 22，点击"框架"按钮隐藏边框，点击"水平排列"按钮使图例在一行显示（图 4.36）。用鼠标拖动图例到图底部适当位置，完成修改。

彩图

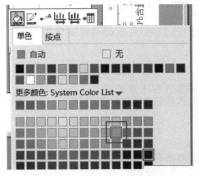

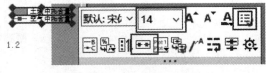

1.2

图 4.35   设置柱形颜色   图 4.36   调整图例样式

4.6.3   绘制断轴图

当变量中数据（大小、时间段等）相差悬殊时，将坐标轴在适当位置断开，可以实现数据的分段展示，更为清晰地突出数据之间的差异。

【例 4.3】   某年我国部分城市二氧化硫排放量见文件"4_3 某年部分城市二氧化硫排放量.xlsx"，请作图 4.37。

作图方法：

（1）粘贴或导入 Excel 数据，设置长名称和单位，如图 4.38 所示。

（2）选择 A 和 B 列，插入柱状图（图 4.39），海南、北京和西藏的二氧化硫排放量明显低于其他地区，在图中显示不清晰。双击 Y 轴，点击"断点"标签，选择"断点数"为 1 ［图 4.40(a)］，点击"细节"按钮，在"断节细节设置"对话框中设置断点范围为 5000～100000（范围设置可以多次尝试，点击"应用"观察效果）；取消勾选"位置（轴长%）"后的复选框，输入 50，即更改断点位置在 Y 轴中央；取消勾选"自动缩放"，设置"次刻度"→"计数"为 0，即不显示次刻度 ［图 4.40(b)］，点击"确定"关闭设置对话框。此时 Y 轴分为上下两段，设置断点的 Y 轴范围被隐藏，双击下半部分 Y 轴，在"刻度"中设置"次刻度"→"计数"为 0（图 4.41）。

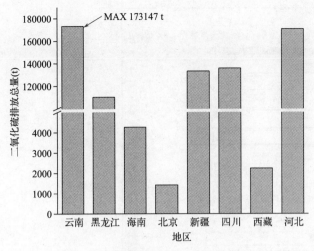

图 4.37 某年部分城市二氧化硫排放量

图 4.38 设置长名称和单位

	A(X)	B(Y)
长名称	地区	二氧化硫排放总里
单位		t
注释		
F(x)=		
1	云南	173147
2	黑龙江	110319
3	海南	4266
4	北京	1422
5	新疆	133283
6	四川	135792
7	西藏	2240
8	河北	170654

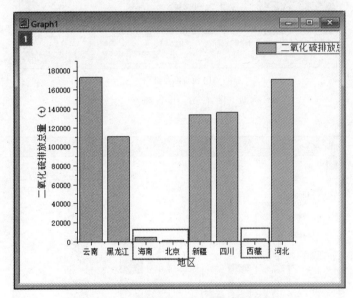

图 4.39 Y 轴数据相差悬殊的柱状图

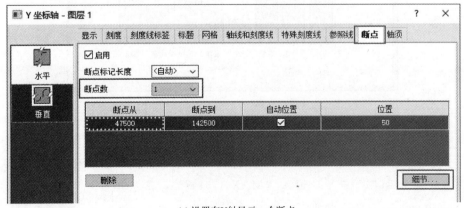

(a) 设置在 Y 轴显示一个断点

图 4.40

(b) 设置断点细节

图 4.40   设置断点

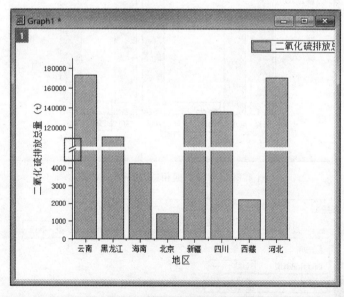

图 4.41   Y 轴有 1 个断点的柱状图

（3）在左侧工具栏点选箭头工具 ↗，在图中画一个指向第一个柱形顶端的箭头，双击此箭头，将"颜色"改为红色，"宽度"改为 3（图 4.42）。再从左侧工具栏点选文本工具 **T**，在图中箭头后点击一下，输入"MAX 173147t"，在字体样式工具栏设置字体为 Times New Roman，红色，加粗。

（4）修改 X 轴为无刻度；设置柱间距；删除图例，完成修改。

图 4.42　设置箭头格式

4.6.4　带有误差线和数据标签的图形

在数据分析中，误差体现了数据不确定性或变异性，通常用一组数据的标准差来表示，在统计图中误差线是数据误差的图形化体现。数据标签是统计图中添加的标识或符号，一般采用数据系列的值（数值、文本、日期等）作为数据标签。数据标签弥补了图形展示在具体性方面的不足，能够更为准确、全面地展示数据信息。

【例 4.4】　例 4.1 中植物 Cd 含量测定的误差结果见文件"4_4 植物 Cd 含量及误差线.xlsx"，请据此数据作图 4.43。

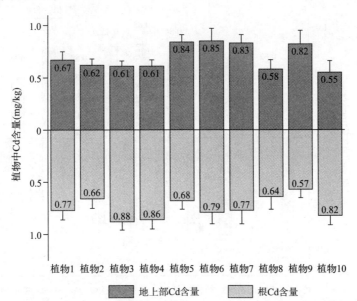

彩图

图 4.43　植物地上部和根中 Cd 含量及误差

作图方法：

（1）建立 OriginPro 工作簿数据。主要作图思路与图 4.8 相同，首先将"4_4 植物 Cd 含量及误差线.xlsx"中数据转置粘贴到 OriginPro 工作表，将第一行设置为长名称。在 D 列前插入一列，设置长名称为"根 Cd 含量"，并设置值为"-wcol(5)"。同样，在 C 列前插入一列，复制 B 列数据到 C 列，鼠标右键点击 C 列，选择"设置为"→"标签"；同样设置 F 列为"标签"，D 和 G 列为"Y 误差"（图 4.44）。"标签"和"Y 误差"列将优先属于左侧最邻近 Y 数据系列。

	A(X)	B(Y)	C(L)	D(yEr±)	E(Y) 🔒	F(L)	G(yEr±)
长名称		地上部Cd含量		地上部Cd含量误差	根Cd含量	根Cd含量	根Cd含量误差
单位							
注释							
F(x)=					-Col(E"根Cd含量")		
1	植物1	0.67	0.67	0.08	-0.77	0.77	0.09
2	植物2	0.62	0.62	0.06	-0.66	0.66	0.09
3	植物3	0.61	0.61	0.05	-0.88	0.88	0.08
4	植物4	0.61	0.61	0.06	-0.86	0.86	0.09
5	植物5	0.84	0.84	0.07	-0.68	0.68	0.08
6	植物6	0.85	0.85	0.12	-0.79	0.79	0.11
7	植物7	0.83	0.83	0.08	-0.77	0.77	0.13
8	植物8	0.58	0.58	0.09	-0.64	0.64	0.12
9	植物9	0.82	0.82	0.13	-0.57	0.57	0.08
10	植物10	0.55	0.55	0.11	-0.82	0.82	0.09

图 4.44　设置各变量值及其属性

（2）插入柱状图。拖动鼠标选择所有列，插入柱状图（图 4.45），默认生成正负误差线，数据标签的位置在柱形外侧顶端。

彩图

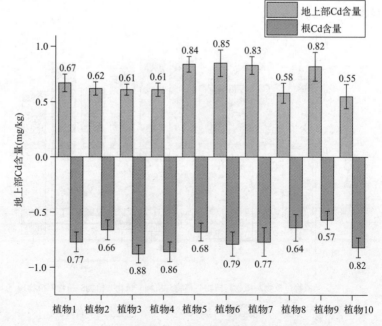

图 4.45　默认生成的带有误差线和数据标签的柱状图

(3) 在任意误差线上双击鼠标左键，在弹出的对话框中左侧选择"地上部 Cd 含量"误差，在右侧选择"方向"为"正"，即只显示正向误差（图 4.46）；以同样方法设置"根 Cd 含量"误差"方向"为"负"。在任意数据标签上双击鼠标左键，在弹出的对话框中点击"标签"，"位置"选择"内部顶端"（图 4.47），两列的数据标签同时改变位置。

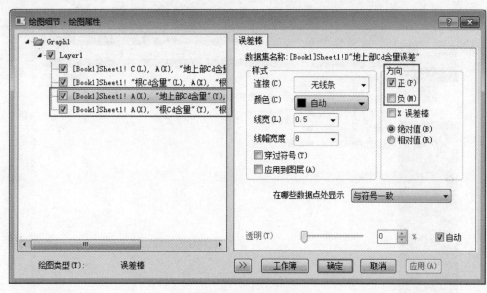

图 4.46　设置误差线细节

图 4.47　设置数据标签位置

(4) 注意在图 4.45 中 Y 轴的零点为"0.0"，需要修改为"0"。双击 Y 轴，点击"特殊刻度线"标签（图 4.48），下面列表的前两行用于设置坐标轴起点和终点的显示方式，后续行则可以输入特定值，自定义其显示方式。在"位置"下双击第三行单元格，输入"0"，即 Y 轴零点标签需要修改，双击其后"标签"单元格，输入"0"，表示零点显示为"0"，点击"确定"，则 Y 轴上"0.0"变为"0"。

(5) 其他图形元素的修改参照例 4.1，注意柱间距调整为 20 以适应标签字体大小。最后调整图例格式和位置，完成修改。

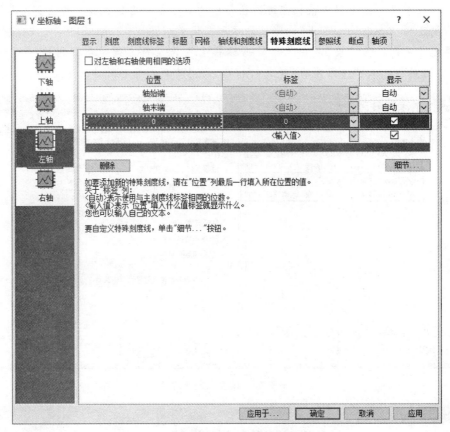

图 4.48　自定义特定坐标轴标签的显示方式

4.6.5　向散点图中添加回归直线

OriginPro "分析"菜单提供了数据拟合、波形和峰形的分析工具,可以直接用于处理曲线图形或进行数据拟合。散点图用于揭示两个变量之间的关系,使用"分析"功能可以在散点图中添加回归直线/曲线,并输出回归分析结果。

【例 4.5】　用 OriginPro 作图分析文件"2_9 土壤 pH 与 Cd 含量数据.xlsx"中土壤 pH 与 Cd 含量之间的关系。

作图方法:

(1) 将土壤 pH 与 Cd 含量数据粘贴到 OriginPro 工作表中,分别为"A(X)"和"B(Y)"列。

(2) 选中两列数据,插入"散点图",观察可知两变量具有正相关关系。

(3) 在菜单栏选择"分析"→"线性拟合"→"打开对话框",在线性拟合对话框中默认输出回归分析的常用指标,包括 t 和 F 统计量、相关系数、残差和残差图等,一般不需要修改即可得到回归方程和相关统计指标。在"拟合曲线图"标签下,可以勾选"置信带"和"预测带",默认置信度为 95%(图 4.49)。置信带和预测带是围绕回归直线或曲线的带状区域。置信带是可能包含真实曲线的区域,反映一定置信度水平下回归模型参数的范围;预测带是对于给定的自变量值,因变量的期望范围,预测带的估计考虑了随机误差的影响,比置信带的范围更广。点击"确定",则提示是否切换到报告,可以根据需要选择。此时在工作簿中自动添加两个工作表,显示回归分析结果,结果解读详见 3.11 节。在散点图中显示了回归分析主要统计指标、拟合的直线及置信带和预测带,根据分析结果用文本工具 **T** 可以在图中写出回归方程(图 4.50)。

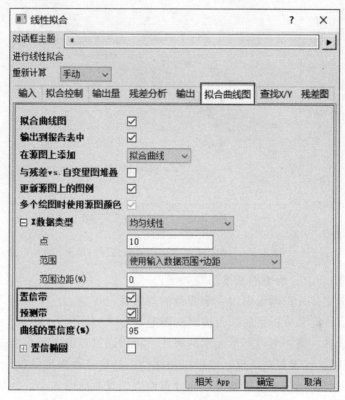

图 4.49　线性拟合对话框

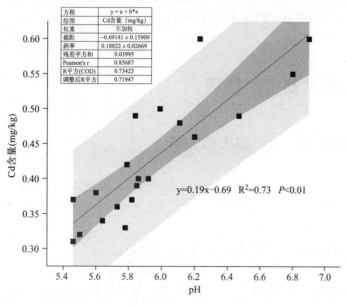

图 4.50　散点图及线性回归分析主要结果

（4）调整坐标轴范围；更改拟合线颜色为黑色，宽度为 1.5；删除图例和拟合统计表；设置回归方程文本样式，完成修改（图 4.51）。

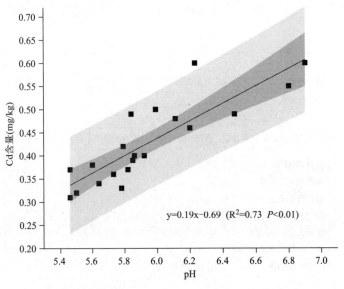

图 4.51　OriginPro 散点图及线性拟合结果

综上所述，OriginPro 绘图的基本步骤如下：

（1）建立数据文件，正确指定每一个变量的列属性；

（2）根据数据特征和分析目的插入适当的图形；

（3）更改点、线、条、面等图形元素的属性，可以通过双击图形元素或选择右键菜单的"属性"显示完整的属性设置对话框，也可以用浮动工具栏进行快速设置；

（4）观察修改效果，注意图形细节，充分考虑图形发布后的大小、长宽比例等是否能清晰地展示数据。

以上 2D 图形基本作图技巧可以用于创建多种常见统计图，如柱形图、条形图、饼图、散点图、折线图和组合图等，满足数据可视化的基本需求。

4.7　2D 图形绘制进阶技巧

4.7.1　"图表绘制"——强大的工具

OriginPro 的"图表绘制"工具用于编辑图层内容，其强大之处在于：

（1）能够自由调度不同来源的数据，且可以任意指定数据列在图形中的角色（如 X、Y 误差、标签等）；

（2）向图层中添加多个类型的图形，丰富图层内容；

（3）更改图层中图形的类型，或者删除不需要的图形。

在数据分析初期，"图表绘制"工具可以用于数据可视化探索，寻找合适的方式展示数据。

【**例 4.6**】　某地土壤 pH、Cd 和 Zn 含量见文件 "4_5 土壤 pH 与重金属含量.opju"，请作图 4.52。

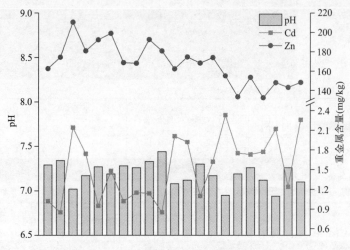

图 4.52　土壤 pH，及 Cd、Zn 含量

作图方法：

（1）不选择任何数据，在菜单栏选择 "绘图"→"多面板/多轴"→"双 Y 轴"，或者在下面工具栏点击 "2Ys Y-Y" 按钮，则出现 "图表绘制" 对话框。此对话框由上、中、下三个部分组成（图 4.53），上、下部分可以通过点击对话框右侧的 ⊼ 或 ⊻ 按钮来显示或折叠。

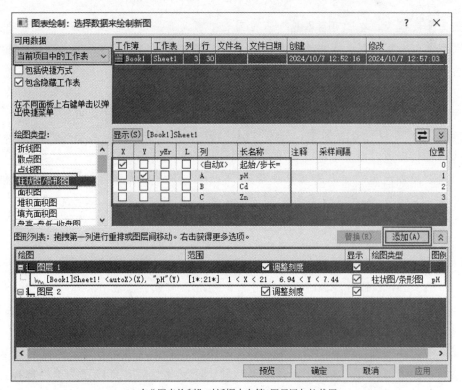

(a) 在 "图表绘制" 对话框中向第1图层添加柱状图

图 4.53

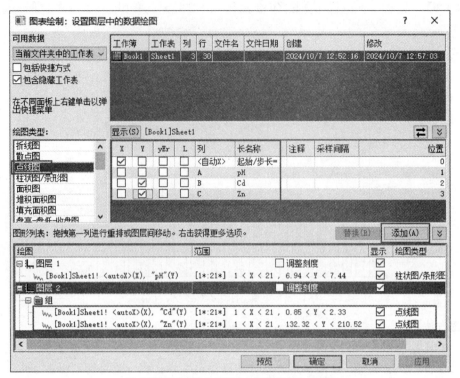

(b) 在"图表绘制"对话框中向第2图层添加点线图

图 4.53   利用"图表绘制"编辑图层内容

上部用于选择数据源,在"可用数据"下拉列表中可以选择"当前工作簿""当前项目中的工作表"等作为数据来源;点击选择某个数据表,则在对话框中间部分显示数据表中的列标和长名称等信息,在每个列之前有若干个复选框,确定列在图形中的角色,可供选择的角色与左侧"绘图类型"中点选的图表类型有关。对话框下部显示图层结构和每个图层中的内容。本例中,图层 1 中为柱状图,所以在"绘图类型"中点选"柱状图/条形图",勾选 X 为"〈自动 X〉",即以行号为 X 轴,勾选"pH"为 Y 轴数据系列,点击"添加"按钮,则所要创建的柱状图进入图层 1 中 [图 4.53(a)]。

(2) 在"绘图类型"中点选"点线图",勾选 X 为"〈自动 X〉",勾选"Cd"和"Zn"列为 Y 轴数据系列,在对话框下面点选"图层 2",点击"添加",则"Cd"和"Zn"两列数据以点线图形式进入图层 2 中,如图 4.53(b) 所示。点击"确定",生成双 Y 轴图。

(3) 在生成的双 Y 轴图中,修改左右 Y 轴及 X 轴的范围分别为 6.5～9、0.5～220 和 0.25～23.75;在右 Y 轴上显示断点,范围 2.5～130,断点位置在 60%;修改坐标轴标签、刻度线和线条颜色;修改"Zn"所对应折线颜色为蓝色,柱形填充色为浅绿色;去除图例边框,拖动图例到图右上角;修改右 Y 轴标题,删除 X 轴标题,完成修改。

例 4.6 中,在未选定数据的情况下,创建的图形只有图层和坐标轴,通过"图表绘制"向其中添加其他图形元素,实现了绘图的灵活性。图形建立后,可以在菜单栏选择"图"→"图表绘制",或在图层编号按钮上点击鼠标右键,在弹出的菜单中选择"图表绘制",根据需要添加图层内容,或在对话框下面点击图层内容进行删除(图 4.54)。

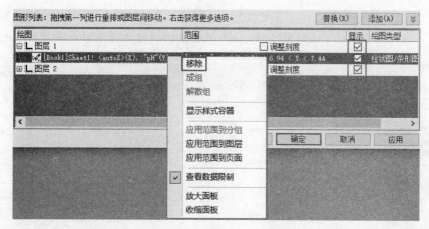

图 4.54　移除图层内容

4.7.2　图层管理

OriginPro 可以通过"图层管理"工具添加、删除和重命名图层，管理各个图层中坐标轴之间的关联关系，以及图层的排列方式。

【例 4.7】　在图 4.52 的基础上作图 4.55。

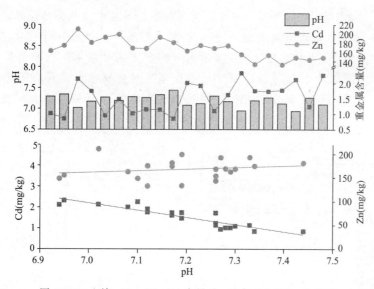

图 4.55　土壤 pH、Cd、Zn 含量及 pH 与 Cd 和 Zn 的关系

作图方法：

（1）在菜单栏选择"图"→"图层管理"，或在图 4.52 图层编号按钮上点击鼠标右键，在弹出的菜单中选择"图层管理"，出现"图层管理"对话框（图 4.56）。对话框左侧列出了图 4.52 中两个图层，右侧是图形预览。图层列表上面的四个按钮 🔲 🔲 🔲 🔲 用来改变图层的顺序，当然也可以在图层编号上拖动鼠标来改变图层顺序。在图层列表中，可以看到图层 2 关联到了图层 1，点击对话框中间的"Link"标签，可知两图层的具体关联关系为图层 2 的 X 轴直接以 1：1 的比例关联到图层 1 的 X 轴，其他关联方式包括"对齐"（以 X 轴或

Y 轴起点处某位置进行对齐）和"自定义"（如"X1"和"X2"后面分别为"＝X1＋3"和"＝X2＊2"，表示以图层 1X 轴的最小值＋3 和最大值的两倍作为关联图层 X 轴的范围）。

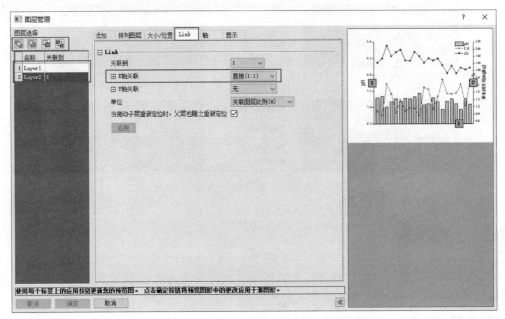

图 4.56　"图层管理"对话框及图层坐标轴关联关系

（2）点击"添加"标签，"类型"中可以选择所添加图层中坐标轴的位置，默认为"下-X 轴 左-Y 轴"，其他的类型均具有关联关系。点击"应用"以添加一个"下-X 轴 左-Y 轴"图层，再选择"右-Y 轴（关联 X 轴的刻度和尺寸）"，点击"应用"以添加第 4 个图层，图层 4 自动关联到图层 3 的 X 轴［除了用"图层管理"对话框添加图层，还可以在选中图形时，在菜单栏的"插入"→"新图层（轴）"中选择适当类型］。可以在左侧图层列表中双击图层名称以重命名。此时右侧图形预览中可见新添加的图层叠加在原图形之上（图 4.57）。

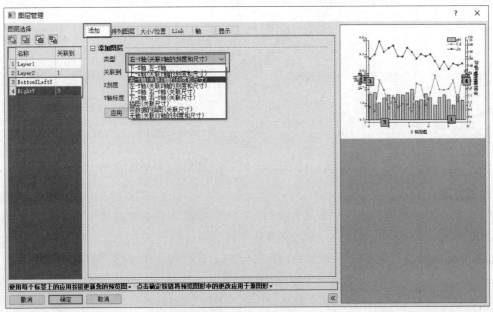

图 4.57　用"图层管理"对话框添加新图层

（3）点击"排列图层"标签，勾选"将关联起来的图层视为一组"，本例中图层 1、2，和图层 3、4 分别为相关联的一组，在"行数"和"列数"中分别填 2 和 1，即两组排列为 2 行 1 列，在右侧预览排列结果（图 4.58）。在"间距"下可以调节图层的间距和在绘图页面上的位置，默认左右边距为 15 和 10，可以都改为 12 以使图形居中。"图层管理"对话框中的"大小/位置"标签下可以用某图层为参照调节大小，或交换、对齐图层；"轴"标签下可以选择各图层坐标轴以及刻度、标签等是否显示；"显示"标签下则可以设置背景色、边框样式等；对于以上选项，本例不作修改。

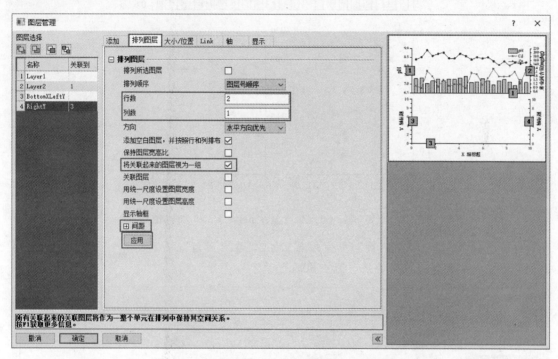

图 4.58 在"图层管理"对话框修改图层排列方式

（4）点击"确定"关闭对话框。利用"图表绘制"工具向图层 3 和 4 中添加散点图。由于添加了图层，需要修改各图层坐标轴范围、刻度间距和样式。修改图层 3 和 4 中点的样式，与图层 2 相对应；在图层 3 和 4 添加拟合线，调整字体、坐标轴刻度线长度等，完成修改。

4.7.3 合并图表

对于复杂图形，一次性创建整个图形可能比较困难，也难以修改。利用"合并图表"功能，可以将复杂图形拆分成多个相对简单的图形，在所有简单图形完成后合并成复杂图形。

【例 4.8】 在图 4.52 的基础上作图 4.59。

作图方法：

（1）此图可以分为上、下两个部分，上半部分是图 4.52，下半部分是并列的两个散点图。在工作表中设置 A、B 列分别为 X、Y，选中 A、B 列，插入一个散点图，删除图例。在此散点图上打开"图层管理"对话框，添加一个"下-X 轴 左-Y 轴"图层；点击"排列图

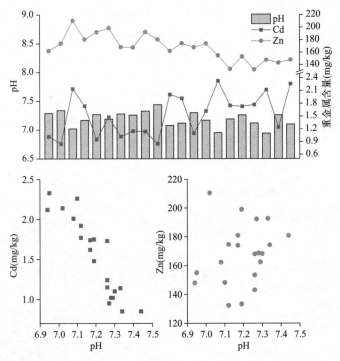

图 4.59 土壤 pH、Cd、Zn 含量及 pH 与 Cd 和 Zn 的散点图

层"标签，在"行数"和"列数"中分别填 1 和 2，在"间距"下调节两个图层的"水平间距"为 10，在右侧预览排列结果（图 4.60）。

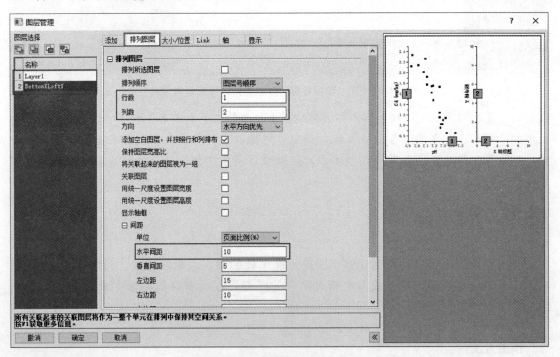

图 4.60 向散点图中添加图层并左右排列

（2）用"图表绘制"工具向图层 2 中添加散点图，X 轴为 pH，Y 轴为 Zn 含量。设置坐标轴范围、刻度，以及点的样式等，得到图 4.59 的下半部分（图 4.61）。

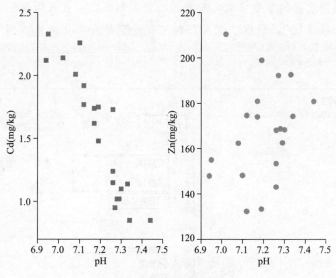

图 4.61　水平排列的散点图

（3）在菜单栏选择"图"→"合并图表"→"打开对话框"，对话框左侧上部是待合并的图表列表，在"排列设置"下设置"行数"和"列数"分别为 2 和 1，点击"预览"，在对话框右侧观察合并效果。点击"确定"以合并图表（图 4.62）。

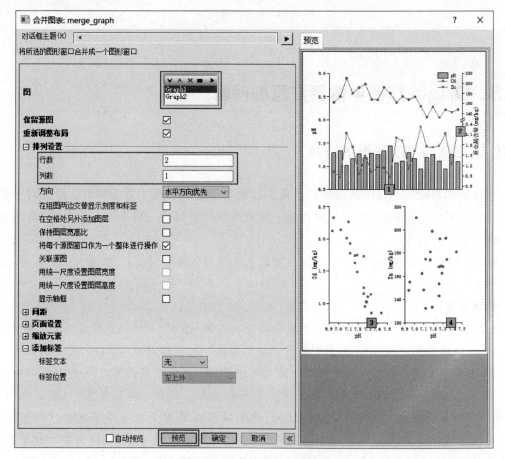

图 4.62　"合并图表"对话框

（4）合并后的图表比例需要修改，双击图的空白部分，设置页面属性，在"打印/尺寸"下取消勾选"保持纵横比"，设置"宽度"和"高度"都为 300 毫米（图 4.63），点击"确定"，完成修改。

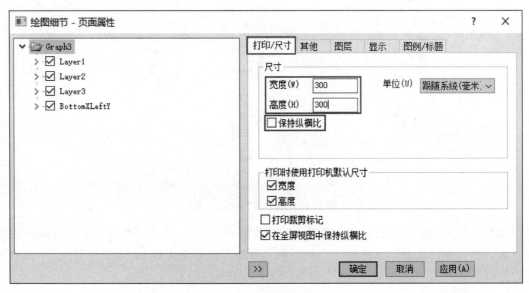

图 4.63　修改图形比例

4.8　Origin 作图中需要注意的问题

4.8.1　2D 与 3D 图形的选择

相比于 2D 图形，3D 图形能够包含更多的数据信息，展现丰富的细节。但是对于数据可视化，大部分 3D 图形最终要呈现在电子文档或纸质资料的二维平面上，有时 3D 图形难以准确传达数据信息。

【例 4.9】　用文件"4_6 某年东北三省氮氧化物排放总量.opju"数据作 2D 和 3D 饼图进行对比。

作图方法：

（1）在文件"4_6 某年东北三省氮氧化物排放总量.opju"选中 A、B 两列，用菜单或工具栏插入"2D 彩色饼图"，双击饼图打开"绘图属性"对话框（图 4.64），在右侧点击"楔子"，设置各扇形区域的格式。勾选"吉林"楔子前的"分解"复选框，"分解位移（半径百分比）"设为 20，则"吉林"的扇形从饼图中分离出来。点击"饼图构型"（图 4.65），在"重新调整半径（框架的％）"后输入 100，改变饼图在页面上的大小。点击"标签"（图 4.66），在"格式"下取消勾选所有项，此步骤是为了便于比较 2D 和 3D 饼图的视觉效果。调整图例位置，得到图 4.67。

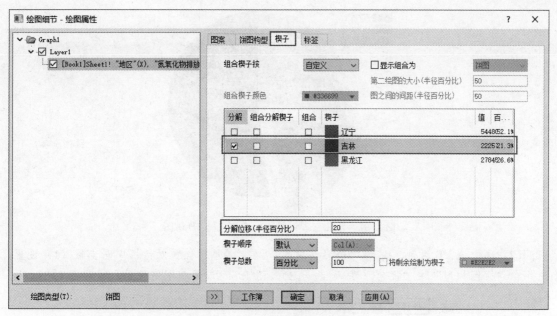

图 4.64　设置饼图楔子格式

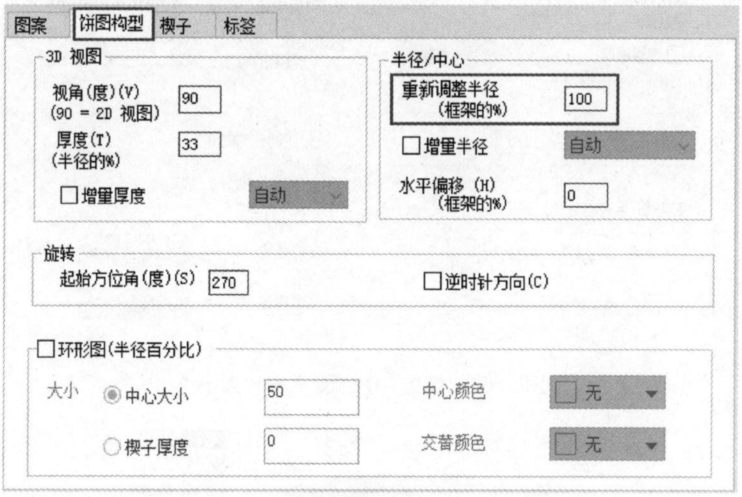

图 4.65　设置饼图大小

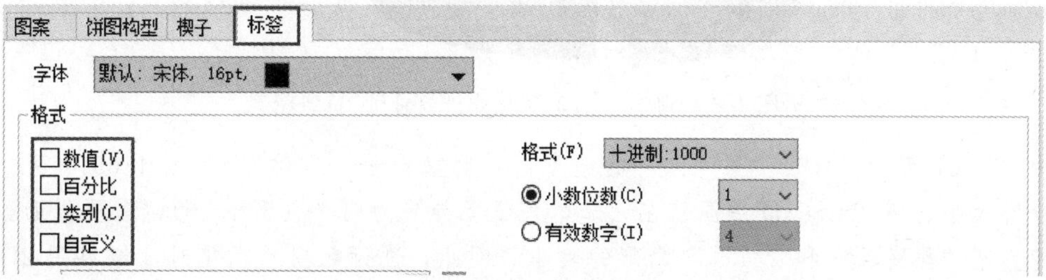

图 4.66　设置饼图数据标签

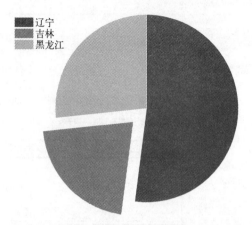

图 4.67　东北三省氮氧化物排放总量 2D 饼图

（2）选中 A、B 两列，插入"3D 彩色饼图"，在"绘图属性"对话框中同步骤（1）设置，此外在"饼图构型"中"视角（度）"改为 20（图 4.68），调整图例位置，得到图 4.69。

图 4.68　设置 3D 饼图角度和大小

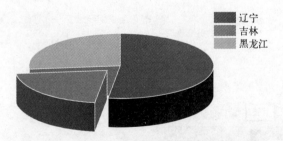

图 4.69　东北三省氮氧化物排放总量 3D 饼图

由图 4.67 可知，代表"黑龙江"的扇形面积明显大于"吉林"；而图 4.69 中两个部分很难分辨大小。将 2D 和 3D 饼图放在一起，视觉差异更为明显（图 4.70），需要借助数据标签才能判断"黑龙江"和"吉林"扇形的大小。因此，进行数据可视化时，能够用 2D 图形清楚展示的数据就不用 3D 图形。对于多个数据系列，可以采用适当的 2D 图形（如气泡图），或者采用多图层组合来展示。

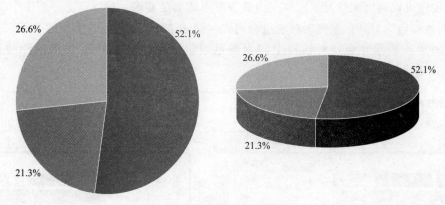

图 4.70　2D 和 3D 饼图比较

4.8.2　图形配色

进行数据可视化时，配色方案的选择与图形的选择同等重要。适当的配色不仅使图形赏心悦目，还能够影响信息传达的效率和准确性。目前，配色方案已经成为一个热门研究方向，依据光谱学原理和人眼对颜色的识别特征，通过科学的方法来选择和搭配颜色，在工业、商业和学术界等许多领域都具有广泛的应用前景。

图表的配色方案可以参考高质量的学术或商业出版物，在 OriginPro 中也有内置的配色方案可供选择。在任意能够选择颜色的对话框，如例 4.9 饼图的"绘图属性"对话框（图 4.71）中，在"图案"下点击"颜色"后面的小三角，可以在下拉菜单中选择"单色"和"按点"两种填充方式，在"按点"标签下显示当前配色方案，在色条上可以点击选择不同颜色作为配色起点；点击"颜色列表"，能够选择其他配色方案。

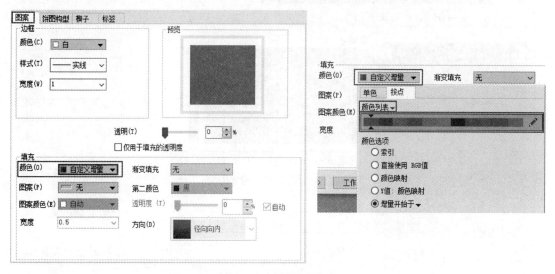

图 4.71　选择配色方案

在 OriginPro 菜单栏选择"设置"→"颜色管理器"，打开"颜色管理器"对话框（图 4.72）。对话框左侧为内置的所有配色方案，右侧为颜色设置界面中的配色方案，通过点击中间箭头按钮可以调度配色方案。如果内置方案不能满足要求，可以点击"新建"以添加新方案。"创建颜色"对话框左侧为颜色组合列表（图 4.73），点击列表上面的"＋"和"－"按钮可以添加或删除颜色；对话框中间为颜色编辑区域，OriginPro 提供三种颜色模式：RGB、HSL 和 16 进制颜色。

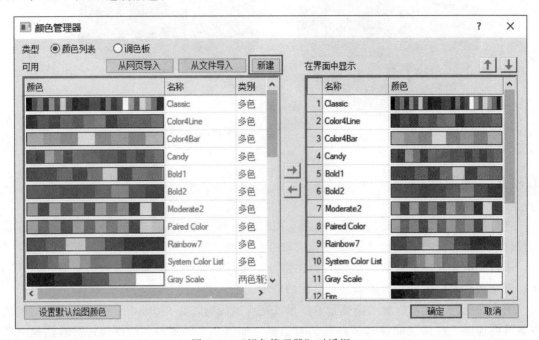

图 4.72　"颜色管理器"对话框

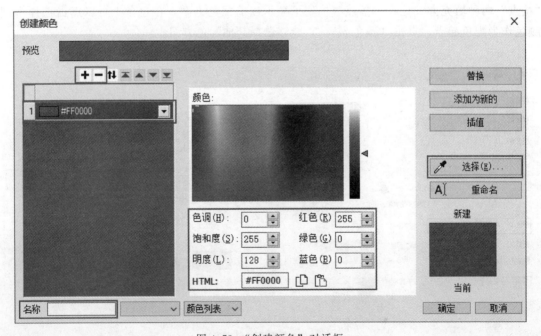

图 4.73　"创建颜色"对话框

① RGB 主要用于计算机显示器等电子显示设备和电视屏幕等，通过红色、绿色和蓝色光混合来创建各种颜色，每种颜色都可以通过调整红、绿、蓝三个通道的亮度值（0～255）

来精确控制。

② HSL 色彩模式是一种基于人类视觉感知的颜色描述方式，旨在通过色相（也称色调，Hue）、饱和度（Saturation）和亮度（也称明度，Lightness）三个维度来定义颜色。色相是指颜色的基本类型（红色、蓝色等），以角度（0°~360°）来表示，如 0°或 360°代表红色，240°代表蓝色等。饱和度描述颜色的纯度或强度，通常以百分比来表示，从 0%（完全灰色）到 100%（最鲜艳的颜色）。高饱和度的颜色显得更鲜艳，而低饱和度的颜色更灰暗。亮度是颜色的明暗程度，也以百分比来表示，从 0%（完全黑色）到 100%（最亮的颜色）。HSL 模式更接近人眼对颜色的感知方式，它也常被用于图像处理软件和设计工具中。

③ 16 进制颜色通过 6 位 16 进制数来表示红、绿、蓝三个颜色通道的组合，通常以"♯"开头，如"♯FFFFFF"表示白色。这种编码简洁、紧凑，适用于网页设计，许多编程语言中也采用 16 进制颜色。

在通过其他来源获得颜色的代码后，可以在"创建颜色"对话框中选择合适的颜色模式输入代码，或者用右侧的吸管工具在目标颜色上点击以获取此颜色。在添加完需要的颜色后，在对话框左下角输入配色方案名称，点击"确定"，以后就可以在绘图中使用此方案了。

4.8.3　图形输出与发布

OriginPro 创建的图形通常采用以下三种方式输出。

（1）复制粘贴图形：在图形空白或灰色区域点击鼠标右键，选择"复制"→"复制页面"，或选择菜单栏"编辑"→"复制页面"，然后粘贴到目标位置（如 Word、PowerPoint 等）。

（2）导出图形：选中图形窗口，选择菜单栏"文件"→"导出图"，在"导出图"对话框（图 4.74）中可以选择"图像类型"，设定图像文件名和保存路径。"DPI"后可以设置图像分辨率：对于一般图像，300 DPI 足以保证打印质量，而学术期刊上的图像通常需要 600

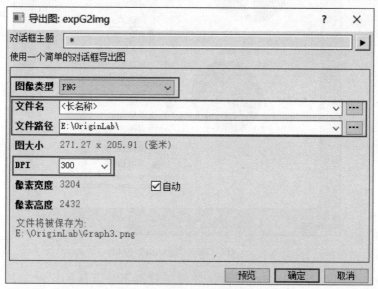

图 4.74　"导出图"对话框

DPI 以上。"文件"菜单下还有"导出图（高级）"功能，能够选择导出更多图像类型，并对每一类图进行详细输出设置。

（3）图形排版：在 OriginPro 创建图形的进阶技巧部分，使用"图层管理"和"合并图表"功能调度多个图层或图形，实际上就是两种排版方式。但是以上方式难以解决更为复杂的排版问题，如文字、表格和图像混合的排版工作，此时可以使用"文件"→"新建"→"布局"功能。"Layout"（布局）窗口（图 4.75）相当于一张白纸，可以在"文件"→"页面设置"中修改纸张大小和方向等。"Layout"窗口的右键菜单中提供了多种添加对象的方式，可以直接复制图像、工作表等粘贴到"Layout"页面中，也可以通过右键菜单底部的三个选项插入图表。"添加文本"可以在页面任意位置输入文本；"插入 OLE 对象"则能够向页面嵌入其他应用程序生成的对象（文档、图片等）。"Layout"窗口中的对象可以任意调整位置和大小，从而能实现更为复杂的效果。排版完成后，可以选择"编辑"→"复制布局为图像"，粘贴到目标位置，或者选择"文件"→"导出布局为图像" / "导出布局（高级）"，将布局页面导出为独立的文件。

彩图

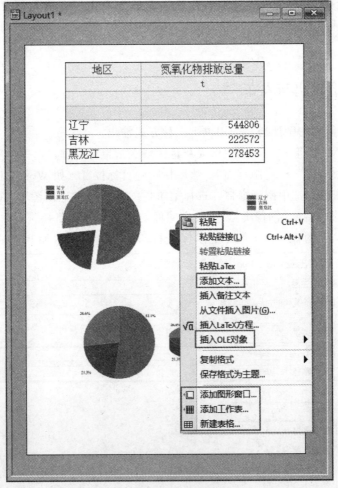

图 4.75　"Layout"窗口

OriginPro 的绘图功能十分强大，但是任何工具都不是万能的，对于复杂数据分析项目，可能需要多种软件配合使用，如使用 OriginPro、R 语言、ArcGIS 等绘图，再将所有图像导入到专用软件（CorelDRAW、Illustrator、Photoshop 等）进行修改和整合，以达到准确、完整、美观地呈现数据的目的。

练习

1. 根据文件"4_1 植物 Cd 含量. xlsx"作图 4.76。

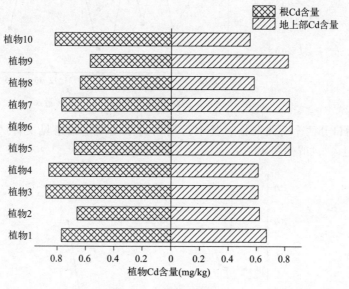

图 4.76　植物 Cd 含量

2. 如果 OriginPro 多 Y 轴图模板中没有所需要的样式，可以选择"多个 Y 轴图"，在弹出的对话框中取消勾选"轴和图形分配"下面的"自动"，即可自定义 Y 轴的数量和位置；勾选下面的"自动预览"可以在右侧显示绘图效果（图 4.77）。请根据以上说明用文件"4_2 土壤和空气中 Pb 含量. xlsx"数据作图 4.78。

彩图

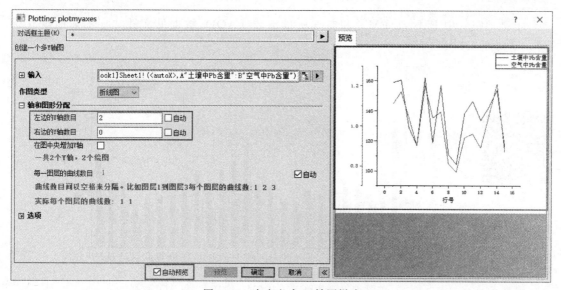

图 4.77　自定义多 Y 轴图样式

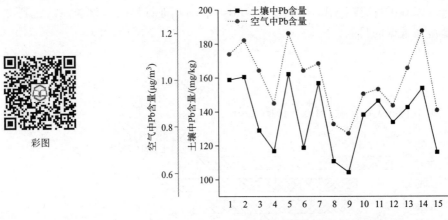

图 4.78　某工业区土壤和空气样品 Pb 含量

3. 在某排污口分两个时段取样，其中污染物的浓度测定结果见文件"4_7 不同时段排污口监测结果.xlsx"，请作图 4.79。

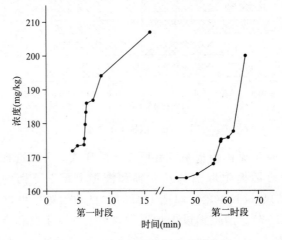

图 4.79　两个时段排污口监测结果

4. 某地空气中 PM$_{2.5}$、PM$_{10}$ 和空气质量指数（AQI）数据见文件"4_8 某地空气质量"，请作图 4.80。

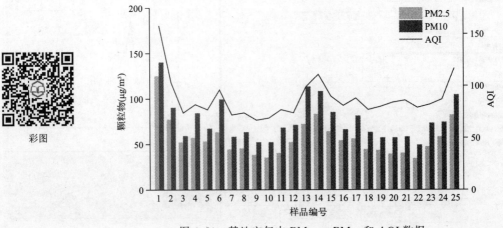

图 4.80　某地空气中 PM$_{2.5}$、PM$_{10}$ 和 AQI 数据

5. 根据文件"2_8 某年东北三省废气排放数据.xlsx"绘制图 4.81。

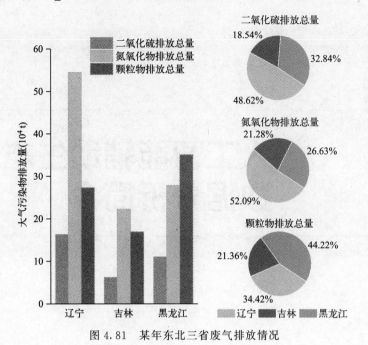

图 4.81 某年东北三省废气排放情况

第 5 章

人工智能辅助生态环境数据分析简介

5.1 人工智能与大语言模型

人工智能（AI）是一门研究用计算机系统模拟、延伸和扩展人类智能的新兴学科，通过各种机器学习模型让计算机具有学习、理解、推理和创造等能力。人工智能涵盖了数学、计算机科学、语言学、医学和哲学等多个学科领域，在商业决策、生产管理、健康咨询、城市规划等许多领域发挥着越来越重要的作用，人工智能正以前所未有的速度深刻改变着人们的生产方式和日常生活。

大语言模型是人工智能的重要分支研究领域，是人工智能技术的一种高级表现形式。大语言模型主要基于深度学习技术，特别是人工神经网络技术，实现对自然语言处理的巨大飞跃。当前，大语言模型研究呈现出快速进步和技术竞争加剧的趋势。

国际上，美国 OpenAI 公司的 ChatGPT、Google 的 LaMDA 和 PaLM, Anthropic 的 Claude，以及 Meta 的 Llama 等模型在多个领域都展现出了卓越的性能，涵盖了自然语言处理、代码自动生成、强大的数学能力以及广泛的多语言支持等功能。如 OpenAI 的 GPT-4 大模型对各种问题的回答准确性很高，具备优秀的识图能力，且具有创作艺术作品的功能。GPT-4 经过不断升级和优化，越来越多的人难以在图灵测试（评估机器是否能够表现出与人类不可区分的智能行为的测试）中区分 GPT-4 和人类，足见 GPT-4 模型的强大。

在国内，百度、阿里巴巴、腾讯、华为等大型科技公司均积极投入大语言模型的研发，通过自主研发或合作方式推出新的模型，并探索模型在各种场景中的应用。相关模型如深度求索的 DeepSeek（5.2 节将对其进行重点介绍）、百度的文心大模型、阿里巴巴的通义千问、腾讯的混元大模型、科大讯飞的讯飞星火等。这些大语言模型中的部分模型或版本可以免费使用，并广泛兼容桌面电脑、智能手机、平板电脑、智能手表、智能音箱、可穿戴设备以及车载设备等平台，用户能够轻松访问并使用，极大地加速了人工智能技术的普及进程。

5.2 国产大语言模型 DeepSeek 简介

DeepSeek（杭州深度求索人工智能基础技术研究有限公司）成立于 2023 年 7 月，专注于研究世界领先的通用人工智能底层模型与技术，挑战人工智能前沿性难题。其技术路径以"高频迭代"和"开源生态"为核心，从 2023 年 11 月起陆续推出 DeepSeek-Coder、Deep-Seek LLM、DeepSeek-Math 等系列模型，迅速成为全球 AI 领域的重要参与者。大语言模型 DeepSeek-V3 和推理大模型 DeepSeek-R1 分别于 2024 年 12 月和 2025 年 1 月发布，在世界范围内引起了广泛关注。

DeepSeek-V3 和 R1 的发布具有重要的历史意义。DeepSeek 采用了最新的专家混合架构（MoE），通过将任务分解为多个子任务并由不同的专家模型分别处理后再将结果综合，以超低成本高效完成了模型的训练，其性能达到甚至在某些领域超越了国际顶级大模型（如 GPT-4o、Claude 等），这帮助我国打破了国外的技术垄断，改变了 AI 技术发展必须依赖高算力和高成本投入的一贯认知。DeepSeek 在国外对我国禁运高性能 AI 芯片的形势下开辟了 AI 技术发展的新思路，推动全球 AI 研发由硬件堆砌转向效率竞争。与 GPT-4 等大模型不同，DeepSeek-V3 和 R1 从发布之日起就是开源模型，吸引了全球超百万开发者，DeepSeek 开源生态逐步发展壮大，已应用于教育、金融、电商、政务、电力等多个领域。DeepSeek 的高性能、低成本和开源策略增强了中国 AI 技术的影响力，同时提高了中国在 AI 技术研发领域的话语权。

DeepSeek-V3 是高性能通用大语言模型，具有高效推理与多任务泛化能力（即模型在同时处理多个相关任务时，能够将学习到的通用规律迁移到新任务或新数据中的综合能力）。DeepSeek-V3 支持长文本生成，可解析 PDF、Word、Excel、PPT、TXT 等多种文档格式及 JPG、PNG 等图像格式，并具备强大的数学与代码处理能力。DeepSeek-V3 一直在迭代升级，在写作、推理、联网搜索、工具调用、角色扮演、问答闲聊等方面的能力持续提升。

DeepSeek-R1 基于 V3 模型优化，采用强化学习（一种强大的机器学习方法）训练框架，专精于数学推导、代码生成、逻辑推理等需要多步思考的复杂任务，在科研、金融、法律、医疗等需要深度分析的领域展现出术语理解与知识整合优势。DeepSeek-R1 采用链式思维（Chain-of-Thought，COT）技术实现多步推理。不同于 DeepSeek-V3 和其他许多大语言模型，当 R1 接受任务后不会直接输出解答，而是首先试图理解任务中的主要词句，逐条分析要解决的问题，进而思考各种解决方案。如想研究生态环境大数据的发展方向，可以在网页端点选"深度思考（R1）"并提问（图 5.1），DeepSeek-R1 首先对问题进行理解，思考相关概念、提问者可能的身份、生态环境大数据的研究现状，以及具体的研究方向等，展示出类似人类的逐步推理过程（图 5.2）。在充分思考后，R1 给出答案，阐述生态环境大数据理论与技术发展的必要性，并提出了三个研究方向，对每一个研究方向还指出了研究路径（图 5.3）。最后，R1 说明提出这些研究方向是为了解决现在环境大数据领域的核心问题，具有科学意义与产业应用前景（图 5.4）。由此可见，DeepSeek-R1 能够助力专业领域工作，帮助专业技术人员和管理人员拓展视野、激发创新思维。

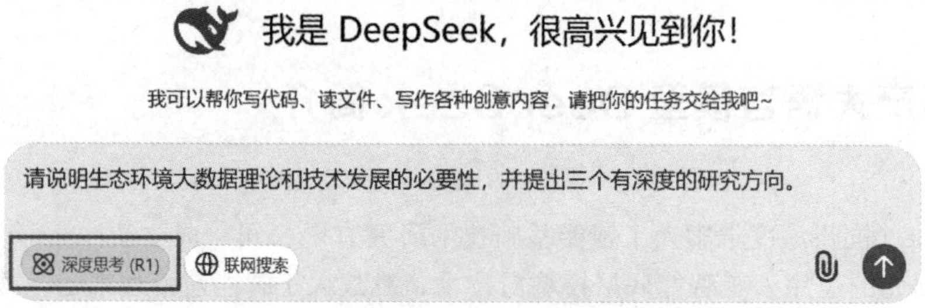

我是 DeepSeek，很高兴见到你！

我可以帮你写代码、读文件、写作各种创意内容，请把你的任务交给我吧~

请说明生态环境大数据理论和技术发展的必要性，并提出三个有深度的研究方向。

深度思考 (R1)　　联网搜索

图 5.1　使用网页版 DeepSeek-R1 推理模型

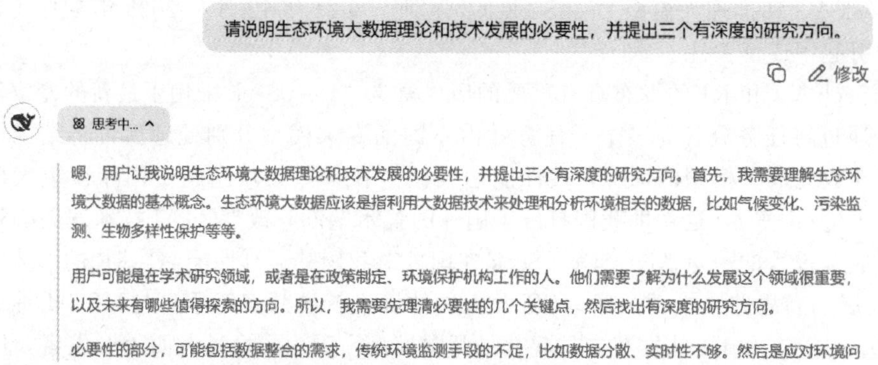

请说明生态环境大数据理论和技术发展的必要性，并提出三个有深度的研究方向。

 修改

 思考中... ∧

嗯，用户让我说明生态环境大数据理论和技术发展的必要性，并提出三个有深度的研究方向。首先，我需要理解生态环境大数据的基本概念。生态环境大数据应该是指利用大数据技术来处理和分析环境相关的数据，比如气候变化、污染监测、生物多样性保护等等。

用户可能是在学术研究领域，或者是在政策制定、环境保护机构工作的人。他们需要了解为什么发展这个领域很重要，以及未来有哪些值得探索的方向。所以，我需要先理清必要性的几个关键点，然后找出有深度的研究方向。

必要性的部分，可能包括数据整合的需求，传统环境监测手段的不足，比如数据分散、实时性不够。然后是应对环境问

图 5.2　DeepSeek-R1 对问题的思考过程

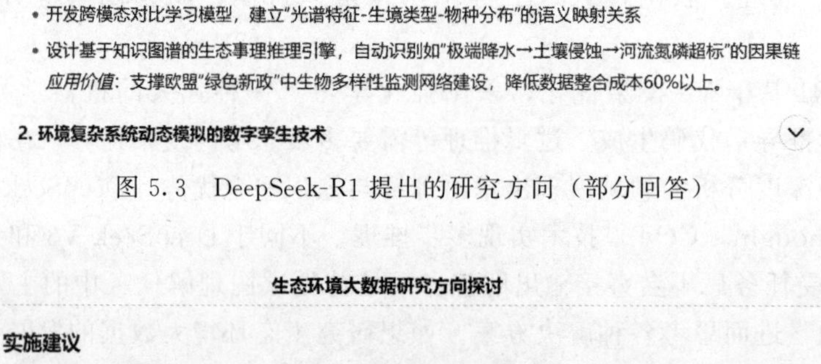

生态环境大数据研究方向探讨

三个有深度的研究方向

1. 多模态生态数据语义融合与知识发现

核心挑战：卫星遥感（光学/雷达）、地面传感网络（温湿度、生物声学）、公民科学（公众上报物种数据）等多模态数据存在语义鸿沟，需构建统一的本体论框架。
研究路径：
- 开发跨模态对比学习模型，建立"光谱特征-生境类型-物种分布"的语义映射关系
- 设计基于知识图谱的生态事理推理引擎，自动识别如"极端降水→土壤侵蚀→河流氮磷超标"的因果链
  应用价值：支撑欧盟"绿色新政"中生物多样性监测网络建设，降低数据整合成本60%以上。

2. 环境复杂系统动态模拟的数字孪生技术　　∨

图 5.3　DeepSeek-R1 提出的研究方向（部分回答）

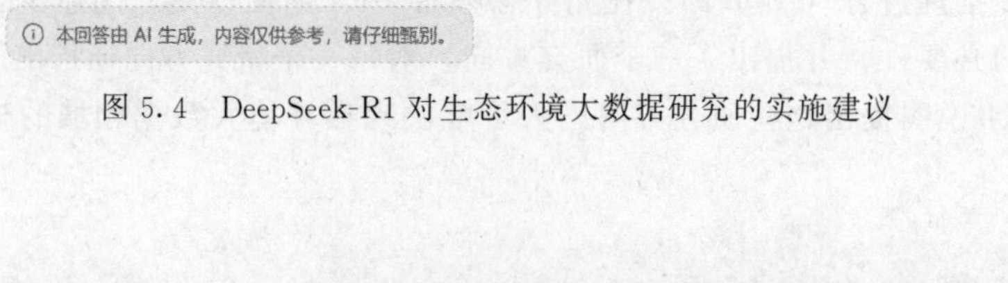

生态环境大数据研究方向探讨

实施建议

建议设立"生态环境超算中心"，集成国产神威架构实现EB级数据处理能力；推动IEEE 1858生态数据标准国际互认；在"一带一路"沿线开展数字孪生流域试点，形成技术-标准-治理三位一体的创新体系。这些研究方向直指环境大数据领域的核心瓶颈，具备重大科学意义与产业应用前景。

ⓘ 本回答由 AI 生成，内容仅供参考，请仔细甄别。

图 5.4　DeepSeek-R1 对生态环境大数据研究的实施建议

　　大语言模型功能强大，代表了当前 AI 技术发展的前沿方向。但是，AI 技术处于不断发展和完善中，目前还不能真正像人脑一样对信息进行处理，有时会在缺乏真实依据的情况下生成看似合理但实际不准确、有误导性甚至完全虚构的内容，这就是 AI 幻觉。即使是最先进的大语言模型也不可避免地会产生幻觉，这是因为大语言模型架构本身依赖于概率模式匹配机制，而非对语义和数理逻辑的真正理解。同时，大语言模型需要大量数据进行训练，而模型可能无法识别训练数据中的错误信息。消除 AI 幻觉无疑依靠 AI 架构的进步，目前在使用大语言模型时，也可以依靠专业知识对其回答进行仔细鉴别，或对同一问题从不同角度提问并检验回答一致性，尽量避免 AI 幻觉的不良影响。还可以通过优化提问方式，详细表述问题，以减小 AI 幻觉出现的概率。

5.3　大语言模型辅助生态环境数据分析

　　近些年来，大语言模型的功能越来越强大，这不仅标志着人工智能技术的显著进步，也预示着信息处理和交互方式的深刻变革。从最初的简单文本生成到如今能够完成复杂问答、文本摘要、创意写作甚至编程任务，大语言模型可以为人类工作提供多方面的辅助。如在某大语言模型中输入一个问题："请问你具有哪些功能？"回答中列出了"信息查询""问题解答"等 13 项功能（图 5.5），可以满足人们日常学习、工作和生活的多种需求。请注意，由于各个大语言模型都在快速迭代升级，对于同一问题，大语言模型在不同时间给出的回答很可能不同。

请问你具有哪些功能？

我是一个大型语言模型，能够提供多种功能和服务。以下是我可以为您做的事情的概述：

1. **信息查询**：我可以帮助您搜索和提供广泛领域内的知识和信息，包括科学、技术、历史、文化等。

2. **问题解答**：我能解答各种类型的问题，从简单的事实性问题到更复杂的概念解释或问题解决。

3. **文本生成**：根据您的需求，我可以创作故事、文章、诗歌、剧本等不同类型的文本内容。

4. **对话交流**：我能够进行多轮对话，讨论各种话题，提供陪伴和互动。

5. **学习辅助**：对于学习者，我可以帮助理解学科内容，提供学习建议，甚至模拟考试题目。

6. **语言翻译**：支持多种语言之间的翻译，帮助您理解和沟通不同语言的内容。

7. **代码编写与调试**：我可以协助编写代码，提供编程指导，以及帮助查找和修正代码中的错误。

8. **建议与决策支持**：在面对选择时，我可以提供分析和建议，帮助您做出更好的决策。

9. **娱乐互动**：我能够讲笑话、玩文字游戏，或者分享有趣的故事来增添乐趣。

10. **教育与培训**：我可以提供在线教育资源，帮助个人或团体提升技能和知识。

11. **个性化服务**：依据您的偏好和需要，我可以调整我的回答方式和服务内容，以更好地满足您的个性化需求。

12. **时间与日期相关服务**：例如提供当前的时间、日期，或者计算特定事件的时间差等。

13. **提醒与计划**：虽然我不能直接设置提醒，但我可以帮助您规划日程、列出任务清单，并给出管理时间的建议。

图 5.5　某大语言模型的功能

与传统搜索引擎相比，大语言模型带来了全新的用户体验。搜索引擎主要依赖于对网页内容的索引和检索，用户需要自行筛选和判断信息的准确性和相关性。而大语言模型则能够直接理解用户的提问意图，生成更为精准、个性化的回答，甚至能在缺乏明确答案时提供合理的推测或建议。这种交互式、智能化的对话方式，显著提高了信息获取的效率和质量。例如，人工神经网络是人工智能的重要技术，那么什么是人工神经网络？这种技术能否用于生态环境数据分析呢？向某大语言模型提问"什么是人工神经网络，是否可以用于生态环境数据分析？"，得到的回答中列出了人工神经网络的概念和特点，并肯定这种技术能够用于生态环境数据分析，包括水质预测、灾害预警和生态系统的健康评估等多个方面（图 5.6）。

图 5.6   某大语言模型回答人工神经网络相关问题（部分内容）

在 SPSS 的"分析"菜单中有"神经网络"分析功能，怎么运用此功能呢？下面以一个实例说明大语言模型如何辅助生态环境数据分析。

【例 5.1】   在一项农村生态环境调查中，得到了某地耕作制度、岩性、土壤质地、土壤类型、pH 和 Cd 含量信息。此地土壤中 Cd 含量大都为 $0.3 \sim 0.7\,\mathrm{mg/kg}$，可以分为 6 个含量水平，调查结果见文件"5_1 土壤 Cd 含量水平预测.sav"，文件中最后 10 个样品缺少 Cd 含量水平信息，请根据已有数据预测这 10 个土壤样品 Cd 含量水平。

解题方法：

（1）"土壤 Cd 含量水平预测.sav"中变量比较多，且包含分类变量和连续变量，变量间的关系复杂，由图 5.6 中得到的回答可以判断此问题可以使用人工神经网络解决。首先需要知道 SPSS 如何进行神经网络分析：在某大语言模型中输入"用 SPSS 进行神经网络分析的具体方法"，得到如图 5.7 所示的回答，在回答中说明了 SPSS 中具有多层感知器（MLP）和径向基函数（RBF）两种神经网络模型可供选择，以及进行神经网络分析的步骤。MLP更适合构建一个强大的模型来捕捉复杂的数据模式，因此决定采用 MLP 进行分析。如果要了解关于 MLP 和 RBF 的更多信息，还可以继续向大语言模型提问。为了保证神经网络模型质量，需要将数据集划分为训练集和测试集，防止过拟合。进行分析时还需要知道什么是协变量，同样可以向大语言模型提问，由回答内容确定协变量是在研究或分析中除了主要研究的自变量（因子）和因变量之外，可能对因变量产生影响的其他变量，可以是连续的、分类的或二元变量。在某大语言模型回答的最后，还列出了相关问题链接，可以点击这些链接以掌握关于解决此问题的更全面的信息。

（2）按照上一步骤得到的方法，在 SPSS 中选择"分析"→"神经网络"→"多层感知器"，在弹出的"多层感知器"对话框的"变量"标签下，将"Cd 含量"作为因变量；本例中难在SPSS中进行神经网络分析，可以使用IBM SPSS Statistics的"Neural Networks"模块。以下是使用SPSS进行神经网络分析的具体步骤：

1. 准备数据：

- 确保你的数据已经清洗过，并且适合用于建模。这包括处理缺失值、异常值和类别变量的编码（例如，使用独热编码）。
- 将数据分为训练集和测试集，通常比例为70:30或80:20。

2. 打开SPSS：

- 启动SPSS软件并加载你的数据文件。

3. 选择神经网络过程：

- 从菜单栏中选择 `Analyze > Neural Networks > Multilayer Perceptron...` (MLP) 或者 `Radial Basis Function...` (RBF)，这取决于你想要使用的神经网络类型。
  - MLP 是一种常用的前馈神经网络，适用于分类和回归问题。
  - RBF 是基于径向基函数的神经网络，通常用于回归问题。

4. 定义模型：

图 5.7　某大语言模型给出用 SPSS 进行神经网络分析的方法（部分回答）

以确定主要研究的自变量，而所有变量可能都对因变量产生影响，因此将其余变量选入"协变量"列表。在"输出"标签下勾选"自变量重要性分析"；在"保存"标签下勾选"保存每个因变量的预测值或类别"。点击"确定"。

（3）在输出的结果中，"个案处理摘要"（图 5.8）列出了模型训练过程中训练集和检验集（测试集）的样本数，及其所占有的比例（分别为 75.8% 和 24.2%）；有 10 个个案被排除是因为这些变量缺少 Cd 含量信息。图 5.9 所示是神经网络分析所采用的算法信息及网络结构，需要注意的是网络结构图不能像其他统计图一样进行编辑，当然也无法由此图优化神经网络分析结果。"模型摘要"和"分类"表

个案处理摘要

		N	百分比
样本	训练	50	75.8%
	检验	16	24.2%
有效		66	100.0%
排除		10	
总计		76	

图 5.8　神经网络分析中对数据集的划分

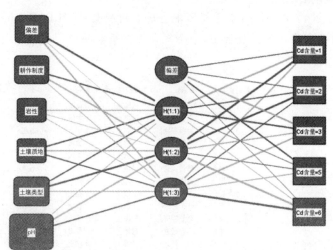

图 5.9　神经网络算法信息和结构

（图5.10）中列出了神经网络的预测结果，模型对于训练集和检验集预测准确率分别达到了86%和93.8%，准确率很高。在模型中，"pH"的正态化重要性达到100%，其他变量的正态化重要性也均在30%以上，可以认为没有不重要的自变量（图5.11）。注意，由于神经网络分析过程中对于数据集的划分具有随机性，所以读者得到的结果可能与本例所示不同。

模型摘要

训练	交叉熵误差	19.956
	不正确预测百分比	14.0%
	使用的中止规则	误差在1个连续步骤中没有减小*
	训练时间	0:00:00.01
检验	交叉熵误差	4.370
	不正确预测百分比	6.3%

因变量：土壤Cd含量水平（mg/kg）
a. 误差计算基于检验样本。

分类

样本	实测	预测 <0.3	0.3-0.4	0.4-0.5	0.6-0.7	>0.7	正确百分比
训练	<0.3	3	0	2	0	0	60.0%
	0.3-0.4	0	1	2	0	0	33.3%
	0.4-0.5	0	1	28	0	1	93.3%
	0.6-0.7	0	0	1	0	0	0.0%
	>0.7	0	0	0	0	11	100.0%
	总体百分比	6.0%	4.0%	66.0%	0.0%	24.0%	86.0%
检验	<0.3	0	0	0	0	0	0.0%
	0.3-0.4	0	2	0	0	0	100.0%
	0.4-0.5	0	0	11	0	0	100.0%
	0.6-0.7	0	0	0	0	0	0.0%
	>0.7	0	0	0	1	2	66.7%
	总体百分比	0.0%	12.5%	75.0%	0.0%	12.5%	93.8%

因变量：土壤Cd含量水平（mg/kg）

图5.10　训练后的神经网络模型对训练集和检验集预测的准确率

自变量重要性

	重要性	正态化重要性
耕作制度	.199	55.1%
岩性	.110	30.4%
土壤质地	.111	30.6%
土壤类型	.218	60.4%
pH	.362	100.0%

（正态化重要性图表：pH、土壤类型、耕作制度、土壤质地、岩性）

图5.11　模型中各自变量的重要性

（4）在SPSS变量视图中生成了新变量"MLP_PredictedValue"用于存储Cd含量水平的预测值，包括最后10个个案也根据当前神经网络模型计算了Cd含量水平（图5.12）。

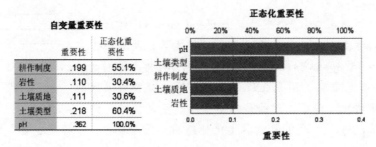

耕作制度	岩性	土壤质地	土壤类型	pH	Cd含量	MLP_Predicted Value
旱作	白类砂石	砂壤土	黄壤	5.20	0.6-0.7	0.4-0.5
旱作	石英砂岩	砂壤土	黄壤	4.70	0.3-0.4	0.4-0.5
水旱轮作	冲洪积物	黏土	水稻土	5.82		0.4-0.5
旱作	粉砂岩	砂土	黄壤	5.98		>0.7
其它	灰岩	砂土	黄壤	5.66		0.4-0.5
旱作	砂质泥岩	砂壤土	黄壤	5.76		0.4-0.5
水旱轮作	冲洪积物	壤土	水稻土	5.40		0.4-0.5
水旱轮作	冲洪积物	壤土	水稻土	5.70		0.4-0.5
其它	砂岩	砂土	黄壤	5.73		0.4-0.5
旱作	砂质泥岩	砂壤土	水稻土	5.38		0.4-0.5
旱作	粉砂岩	砂壤土	黄壤	5.03		<0.3
水旱轮作	页岩	砂壤土	水稻土	6.83		0.4-0.5

图5.12　Cd含量水平预测结果

5.4　人工神经网络的扩展

　　当我们在某大语言模型中输入"用 SPSS 进行神经网络分析的具体方法"后，大语言模型在输出相关方法信息后，还指出了 SPSS 中的神经网络分析可能不适用于很复杂问题的分析（图 5.13），我们可以根据分析的目的向大语言模型寻求帮助。例如，某地持续进行了三年的 $PM_{2.5}$ 监测，现在要以此为基础预测未来一段时间的 $PM_{2.5}$ 变化趋势，可以向某大语言模型提问："现在有以往三年的 PM2.5 数据，可以用哪种神经网络模型预测未来一段时间 PM2.5 含量?"得到的回答（图 5.14）中列出了多种可能用于解决此问题的神经网络模型及其基本原理和用途，并在最后给出了模型选择的建议，提出 LSTM 或 GRU 是较为常见的选择。

请注意，SPSS中的神经网络功能相对较为基础，对于更复杂或定制化的神经网络模型，可能需要使用专门的机器学习库或平台，如Python的TensorFlow、Keras，或是R语言的相关包。如果你是初次接触神经网络，建议先阅读相关文献或教程，理解其工作原理和最佳实践。

图 5.13　某大语言模型对神经网络分析的建议

现在有以往三年的PM2.5数据，可以用哪种神经网络模型预测未来一段时间PM2.5含量?

 已完成搜索

根据你提供的背景信息和现有的PM2.5数据，有多种神经网络模型可以用于预测未来一段时间内的PM2.5含量。选择哪种模型取决于你的具体需求、数据的特性以及你希望达到的预测精度。以下是几种常用的神经网络模型及其适用场景：

1. 递归神经网络（RNN）及其变体

- **LSTM（长短期记忆网络）**和 **GRU（门控循环单元）**是RNN的两种常见变体，特别适合处理时间序列数据，因为它们能够捕捉长期依赖关系。
- **NARX（非线性自回归外生变量模型）**是一种特殊的RNN，适用于包含外部输入（如气象数据）的时间序列预测。
- **优点**：能够处理时间序列中的动态变化，适合预测未来的PM2.5浓度，尤其是当数据具有周期性或趋势性时。
- **适用场景**：如果你的数据中存在明显的季节性、日周期或其他时间依赖性，LSTM或GRU是不错的选择。

选择建议

- 如果你有**单站点的**PM2.5**数据**，并且主要关注时间序列的动态变化，可以选择 LSTM、GRU 或 NARX 等递归神经网络。
- 如果你有**多个站点的**PM2.5**数据**，并且希望考虑站点之间的空间相关性，可以选择 GNN、ConvGRU 或 ST-Attention CNN 等能够处理时空依赖关系的模型。

图 5.14　某大语言模型对时间序列问题神经网络分析的建议

　　假设根据分析需要选择了 LSTM 模型进行 $PM_{2.5}$ 预测，还可以进一步询问采用何种工具进行分析。某大语言模型列举了 7 种工具，并给出了相关代码（图 5.15）。

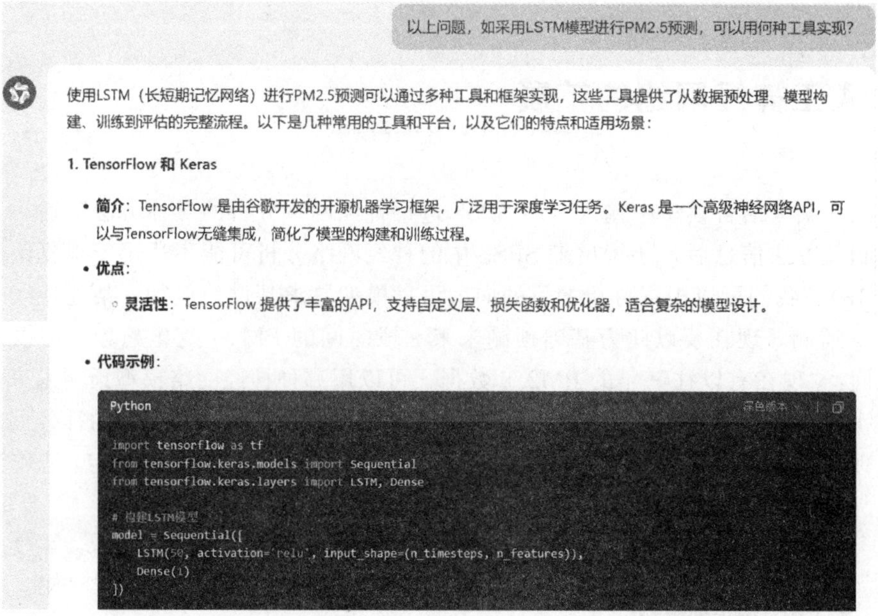

以上问题，如采用LSTM模型进行PM2.5预测，可以用何种工具实现？

使用LSTM（长短期记忆网络）进行PM2.5预测可以通过多种工具和框架实现，这些工具提供了从数据预处理、模型构建、训练到评估的完整流程。以下是几种常用的工具和平台，以及它们的特点和适用场景：

1. TensorFlow 和 Keras

- **简介**：TensorFlow 是由谷歌开发的开源机器学习框架，广泛用于深度学习任务。Keras 是一个高级神经网络API，可以与TensorFlow无缝集成，简化了模型的构建和训练过程。

- **优点**：
  - **灵活性**：TensorFlow 提供了丰富的API，支持自定义层、损失函数和优化器，适合复杂的模型设计。

- **代码示例**：

```Python
import tensorflow as tf
from tensorflow.keras.models import Sequential
from tensorflow.keras.layers import LSTM, Dense

# 构建LSTM模型
model = Sequential([
    LSTM(50, activation='relu', input_shape=(n_timesteps, n_features)),
    Dense(1)
])
```

图 5.15　某大语言模型给出 LSTM 分析工具和代码（部分回答）

　　由此可见，对于数据分析问题，大语言模型不仅可以提供解决问题的可能方法，还会智能地提出最为可行且高效的方案。对于具备深厚专业背景的数据分析人员，大语言模型能迅速提炼关键信息，辅助构建复杂模型；而对于不熟悉人工智能相关模型及算法的非专业人员，大语言模型可以提供方法原理和实现手段，极大地降低了非专业人员使用人工智能技术进行数据分析的门槛。这种跨越专业界限的适用性，使得大语言模型成为数据分析领域的强力助手。

练习

　　选用任意大语言模型，了解 Python 及其安装方法，并进一步了解 Keras 进行 LSTM 分析的具体方法。

参考文献

[1] Buxton B. Big data：The next Google[J]. Nature，2008，455（7209）：8-9.

[2] Manyika J，Michael C，Brad B. Big data：The next frontier for innovation，competition，and productivity[R]. [S. l.]：McKinsey Global Institute，2011.

[3] 国务院. 国务院关于印发促进大数据发展行动纲要的通知：国发〔2015〕50 号[EB/OL].（2015-08-31）[2024-12-30]. https://www. gov. cn/zhengce/zhengceku/2015/09/05/content_10137. htm.

[4] 中国信通院. 大数据白皮书（2016）[EB/OL].（2016-12-01）[2024-12-30]. https://www. cac. gov. cn/files/pdf/baipishu/dashuju2016. pdf.

[5] 中华人民共和国国家质量监督检验检疫总局，中国国家标准化管理委员会. 信息技术 大数据 术语：GB/T 35295—2017[S]. 北京：中国标准出版社，2010：1.

[6] 工业和信息化部. 工业和信息化部关于印发"十四五"大数据产业发展规划的通知：工信部规〔2021〕179 号[EB/OL].（2021-11-15）[2024-12-30]. https://www. gov. cn/zhengce/zhengceku/2021-11/30/content_5655089. htm.

[7] 中国政府网. 最新报告出炉！2023 年我国数据生产总量达 32.85ZB[EB/OL].（2024-05-24）[2024-12-30]. https://www. gov. cn/yaowen/liebiao/202405/content_6953440. htm.

[8] 程子姣. QuestMobile：淘宝日活超 4 亿 消费回暖趋势明显[EB/OL].（2023-08-04）[2024-12-30]. https://baijiahao. baidu. com/s?id=1773301600324577036&wfr＝spider&for＝pc.

[9] 朱英乐妞. 腾讯的微信及 WeChat 月活跃用户达 13.59 亿，广告收入增速跑赢游戏[EB/OL].（2024-05-14）[2024-12-30]. https://www. 163. com/dy/article/J26ANKLE05567SNR. html.

[10] 36氪. IDC：全球 2024 年将生成 159.2ZB 数据，2028 年将增加一倍以上[EB/OL].（2024-05-13）[2024-12-30]. https://news. qq. com/rain/a/20240513A04OJA00.

[11] Larose D T，Larose C D. Discovering knowledge in data：an introduction to data mining[M]. Hoboken，United States：John Wiley & Sons，2014.

[12] 黄文，王正林. 数据挖掘：R 语言实战[M]. 北京：电子工业出版社，2014.

[13] 舍恩伯格. 大数据时代[M]. 杭州：浙江人民出版社，2012.

[14] 舍恩伯格. 删除：大数据取舍之道[M]. 杭州：浙江人民出版社，2013.

[15] 关琳，王让会，刘春伟，等. 祁连山自然保护区生态环境大数据管理模式的探讨[J]. 测绘通报，2023（7）：97-106.

[16] 赵芬，张丽云，赵苗苗，等. 生态环境大数据平台架构和技术初探[J]. 生态学杂志，2017，36（3）：824-832.

[17] 王晓东，张巍，王永生. 生态环境大数据应用实践[M]. 长春：吉林大学出版社，2023.

[18] 刘丽香，张丽云，赵芬，等. 生态环境大数据面临的机遇与挑战[J]. 生态学报，2017，37（14）：4869-4904.

[19] Song S Q. 环境与生态统计：R 语言的应用[M]. 北京：高等教育出版社，2011.

[20] 刘光祖. 概率论与应用数理统计[M]. 北京：高等教育出版社，2000.

[21] 贾俊平，何晓群，金勇进. 统计学[M]. 第 8 版. 北京：中国人民大学出版社，2021.

[22] 盛骤，谢式千，潘承毅. 概率论与数理统计[M]. 第 5 版. 北京：高等教育出版社，2021.

[23] 吴密霞，王松桂. 线性模型引论[M]. 第 2 版. 北京：科学出版社，2024.

［24］　蔡宝森. 环境统计［M］. 第 2 版. 武汉：武汉理工大学出版社，2004.

［25］　薛薇. 统计分析与 SPSS 的应用［M］. 第 7 版. 北京：中国人民大学出版社，2024.

［26］　张文彤，钟云飞. IBM SPSS 数据分析与挖掘实战案例精粹［M］. 北京：清华大学出版社，2013.

［27］　庄树林. 环境数据分析［M］. 北京：科学出版社，2018.

［28］　姚期智. 人工智能［M］. 北京：清华大学出版社，2022.

［29］　皮埃罗·斯加鲁菲. 人工智能通识课［M］. 北京：人民邮电出版社，2020.